PRINCIPES

DE LA

TAILLE DES ARBRES

FRUITIERS

SUIVIS DE LA

RESTAURATION DES VIEUX ARBRES

DE LA

CONSERVATION DES FRUITS

DU

CHOIX DES MEILLEURES ESPÈCES D'ARBRES

et de

RECETTES DIVERSES

Par l'Abbé CORNY

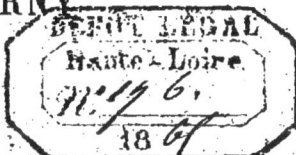

32 DESSINS

DÉPÔT LÉGAL
Haute-Loire
N° 196.
186

BRIOUDE

E. GALLICE IMPRIMEUR-LIBRAIRE

PRIX franco par la poste : 1 fr.

PRINCIPES

DE LA

TAILLE DES ARBRES FRUITIERS

C.

PRINCIPES

DE LA

TAILLE DES ARBRES

FRUITIERS

SUIVIS DE LA

RESTAURATION DES VIEUX ARBRES

DE LA

CONSERVATION DES FRUITS

DU

CHOIX DES MEILLEURES ESPÈCES D'ARBRES

ET DE

RECETTES DIVERSES

PAR L'ABBÉ CORNY

—

32 DESSINS

—

BRIOUDE

L. GALLICE, IMPRIMEUR-LIBRAIRE

1865

A Monsieur **Ch. Calemard de Lafayette**,
Président de la Société d'Agriculture, Sciences et Arts du département de la Haute-Loire.

Monsieur le Président,

Nous sommes dans un siècle où tout le monde veut savoir sans se donner beaucoup de peine. Du reste, cette activité fébrile qui, de nos jours, agite tous les hommes pour tant d'affaires, ne laisse ni le calme, ni le temps nécessaires à de longues études. Pour satisfaire à ce besoin des intelligences, j'ai cédé à la sollicitation de plusieurs personnes compétentes qui m'ont engagé à réunir en un petit volume les articles épars que j'avais publiés dans le *Journal* et dans le *Bulletin agricole de Brioude*. Des études à la fois pratiques et théoriques m'ont mis en état de pouvoir traduire en peu de mots les principes de l'Arboriculture les plus importants et les plus généralement admis. Je me suis efforcé de les expliquer d'une manière claire et précise, et d'en montrer les applications pratiques jusque dans les moindres détails.

L'Arboriculture tend aujourd'hui à se dégager de cet état d'inconnu où elle était restée jusqu'à présent; et certes nous devons espérer beaucoup de notre pays, en songeant que quelques leçons orales qui n'ont pu laisser dans nos villes que des lambeaux de la science, on suffi cependant pour imprimer un élan général dans toute notre population.

Je vous prie, Monsieur le Président, de vouloir bien accepter la dédicace de ce petit livre, destiné à propager les principes de l'Arboriculture. Comme c'est le premier ouvrage de ce genre qui paraît dans notre département, j'espère qu'il trouvera un bon accueil auprès de vous qui savez apprécier et encourager tous les efforts faits pour le bien-être de tous. Votre approbation et le suffrage des hommes distingués de votre Société seront pour nous un encouragement et une garantie de succès devant le public.

Veuillez agréer, Monsieur le Président, l'assurance de mon parfait dévouement.

L.-F. CORNY.

Monsieur l'Abbé.

Je ne puis qu'applaudir de tout cœur à la bonne pensée que vous avez, de vulgariser des connaissances si utiles, et d'une portée pratique si manifeste.

Vous exposez avec une clarté parfaite, les principes les plus acceptés, empruntant aux divers systèmes actuellement en vogue, tout ce qui vous paraît judicieux et bon, vous avez sagèmennt évité les théories exagérées et absolues, je vous en félicite sincèrement. En de telles conditions, votre livre me paraît répondre aux besoins les plus généraux d'un pays comme le nôtre, où il y a à tenir si grand compte de la diversité des situations.

Je désire que votre enseignement se propage dans les écoles, et que les instituteurs surtout s'en pénètrent, pour le répandre à leur tour. Un petit livre peut de la sorte devenir quelques fois un grand bienfait.

Le rôle de l'arboriculture fruitière commence à peine à être entrevu parmi nous. Les campagnes ignorent encore quelle aisance, quel bien-être peut donner la production intelligente des fruits. Grâce à cette production, la moitié des enfants qu'élève la France, pourrait n'être plus condamnée, pour deux repas sur quatre, à l'éternel pain sec. Et je ne parle pas encore des valeurs commerciales, si importantes, faciles à créer, dans cet ordre de culture.

Votre caractère et votre heureuse initiative d'enseignement, me rappellent à propos un fait que j'ai toujours cité avec bonheur.

Un ancien curé du département de l'Ain exigeait qu'à chaque baptême, il fût planté un arbre fruitier. Cette paternelle exigeance, fait aujourd'hui la fortune de la paroisse où le bon curé ne sera jamais oublié.

Votre livre peut faire plus encore, et votre paroisse à cet égard, devenir bien plus vaste. Mes vœux et mon effort, à l'occasion, concourront certainement avec vous, et en attendant recevez tous mes remercîments pour la place que vous voulez bien accorder à mon nom, en tête de votre ouvrage.

Veuillez croire, M. l'Abbé, à tout mon dévouement.

CH. CALEMARD DE LA FAYETTE.

Le Puy, 30 juillet 1865.

Note de l'Auteur et de l'Éditeur.

En créant comme en publiant cet ouvrage, l'Auteur et l'Éditeur n'ont pas été guidés par une pensée de lucre. Se rendre utile à leur pays, tel est le but qu'ils se sont proposé. Ils ont voulu propager les principes de l'arboriculture, et, forts de leur expérience et de celle de leurs amis, ils comptent sur le succès de ce livre, comme sur l'appui de ceux qui souhaitent le progrès de l'agriculture. Ce n'est point un ouvrage de science, c'est l'arboriculture mise en pratique et à la portée de tout le monde. Ce sont des observations de chaque jour qu'ils offrent au public.

Déjà dans cette première édition ils ont pu profiter des conseils des Frères, chargés de la conduite du jardin d'expérimentation à l'orphelinat de Clermont-Ferrant. Voici le but qu'ils veulent atteindre : recueillir les observations de tous leurs lecteurs pour en faire profiter tout le monde. A cet effet ils font appel aux hommes compétents : deux lignes d'observations jetées à la poste ne donnent pas beaucoup de peine et peuvent faire beaucoup de bien. Chaque expérience, chaque étude en particulier, ne sera que peu de chose, mais la masse de ces conseils, réunis dans un ouvrage d'un prix modique, constituera un progrès certain dans l'arboriculture ; Chacun alors pourra dire qu'il a contribué pour sa part à ce succès. Chaque observation du reste venant du dehors portera le nom de son auteur. Chacun a ses idées, chacun a des observations notées, résultat de l'expérience qu'il garde bien souvent pour lui. L'Auteur et l'Éditeur voudraient pouvoir les grouper et associer par là chaque personne à leur œuvre. Relever nos erreurs, ajouter à nos propres observations, voilà ce que nous sollicitons.

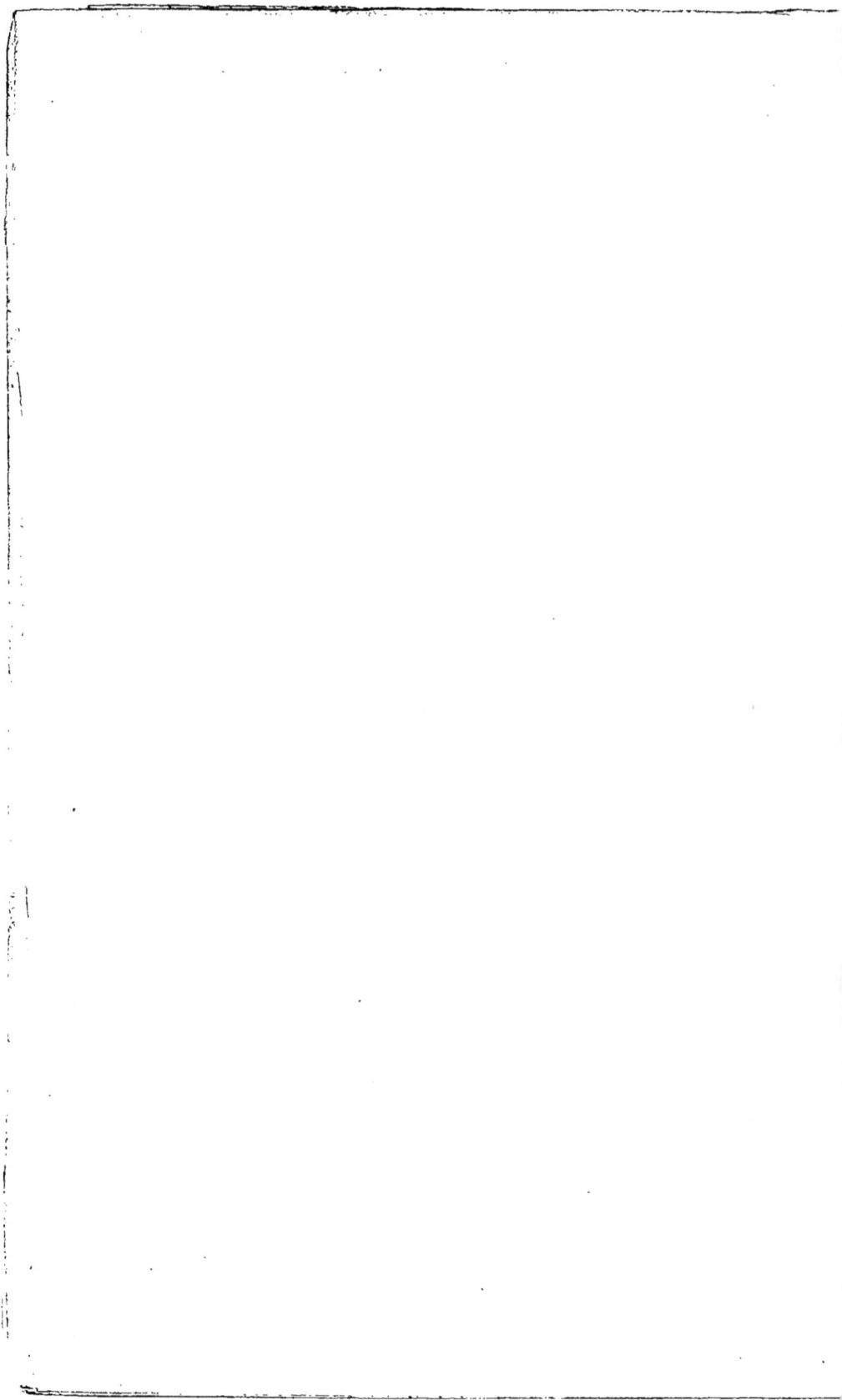

AVANT-PROPOS

1863

Devenu membre du Comice agricole de Brioude, qui s'occupe avec tant de zèle des intérêts matériels du pays, je ne veux pas rester simple admirateur de ce que font les autres ; je veux apporter aussi mon obole de savoir.

Pendant le séjour que j'ai fait dans la Nièvre, j'ai eu l'occasion d'étudier la manière de tailler les arbres fruitiers, et c'est cette science, aussi agréable qu'utile, que je désire voir se propager dans le pays. Si les notes que je vais publier et que j'avais d'abord recueillies pour ma propre instruction, n'ont pas d'autre mérite, elles auront celui d'appeler l'attention publique sur une science généralement ignorée, et que tout le monde est intéressé à connaître.

Imbu d'un vieux préjugé, je croyais qu'il fallait vingt ans d'expérience pour oser toucher à un arbre. Ce n'est pas que je dédaigne l'expérience ; mais les principes, qui ne sont du reste

1

que le résultat d'une longue expérience, sont plus nécessaires encore ; l'application des principes donne promptement l'expérience suffisante pour réussir. Je ne songeais donc pas à apprendre ; mais voyant travailler M. le vicomte de Montrichard, je me mis à *regarder faire* et à demander la raison de chaque opération. Après quelques leçons, je crus m'apercevoir que tout se réduisait à l'application de quelques principes assez simples, qui variaient un peu selon le mode de végétation de l'arbre et selon le but qu'on se proposait. Prenant alors du goût à la chose, je suivis avec intérêt toute la taille du printemps et je me mis à étudier les traités. Je les compris facilement, car, ayant dans la tête la forme de l'arbre, je pouvais suivre sans peine les opérations qu'ils décrivent. J'en vins aussitôt à la pratique, et j'ai pu juger depuis lors du résultat des principes.

Ce n'est pas une science inabordable que celle de la taille des arbres fruitiers ; on en sera encore plus convaincu quand j'en aurai exposé les principes les plus importants, d'une manière simple et à la portée de tout le monde. Ceux qui ignorent prendront courage et voudront savoir. Ceux qui ont lu des traités seront bien aises de voir en raccourci ce qu'ils ont trouvé disséminé dans de gros livres. Ils y trouveront aussi quelques observations pratiques décrites plus simplement et quelques procédés encore peu connus. Les dames elles-mêmes peuvent et doivent apprendre la taille des arbres. Quand elles l'ont comprise, elles y apportent, comme à tout ce qu'elles font, des soins et une intelligence remarquables. Il y a pour elles de charmants arbrisseaux, les pommiers et les poiriers en cordons. La taille en est si facile qu'on peut se faire fort de la leur apprendre en quelques lignes.

Quel plaisir, en entrant dans son jardin, de se trouver en face d'un arbre auquel on a donné ses soins ! Ce n'est plus un être inconnu ou indifférent. On lui a communiqué un peu de son intelligence. Il s'est assoupli sous la main et a pris toutes les formes qu'on a voulu lui donner. Bientôt il vous témoignera sa reconnaissance en vous donnant un nombre considérable des plus beaux fruits.

Maintenant faisons un petit calcul : 10 poiriers de 6 à 7 ans, passablement traités, peuvent facilement donner, en moyenne, 1,000 fruits par an, si la saison est favorable. Si l'on a soin de choisir les espèces qui correspondent aux différentes époques de l'année, on peut avoir des poires depuis le mois de juillet jusqu'au milieu de mai, sans intervalle notable, avec 10 arbres seulement. Le pommier est plus constant dans son espèce ; ses bonnes variétés sont moins nombreuses. Ces 10 mêmes arbres, traités ou plutôt massacrés comme ils le sont ordinairement, ne donnent pas toujours en 10 ans 2,000 fruits. En 10 ans on perd donc 8,000 fruits, faute d'un peu de science, et nous ne calculons que sur 10 arbres seulement.

Il faut ajouter ici qu'un des grands avantages de la taille est de préparer pour l'avenir les productions fruitières. Un arbre taillé n'éprouve pas ces intermittences des arbres ordinaires, lesquels ne produisent qu'une fois en deux ou trois ans.

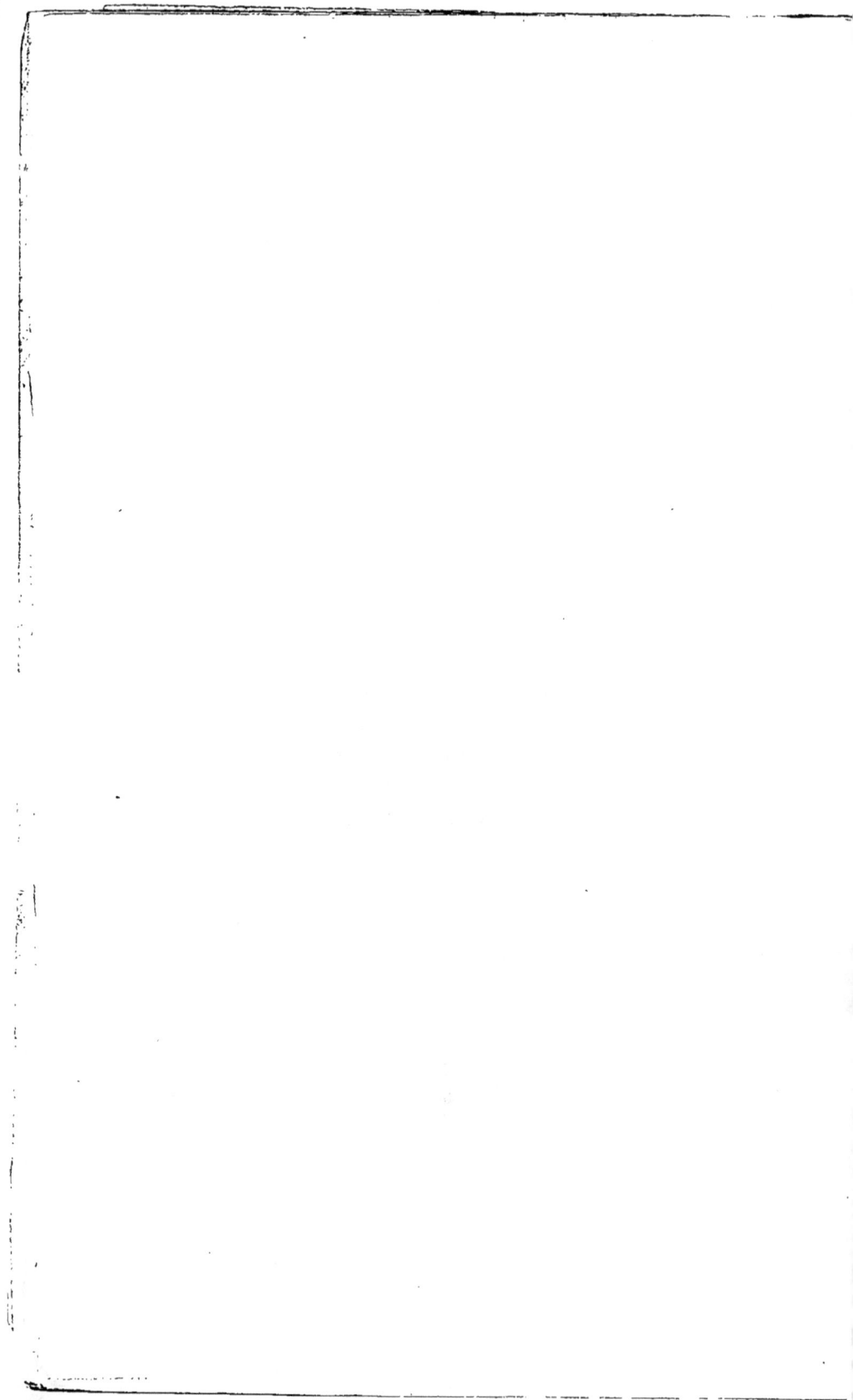

PRINCIPES

DE LA TAILLE DES ARBRES FRUITIERS

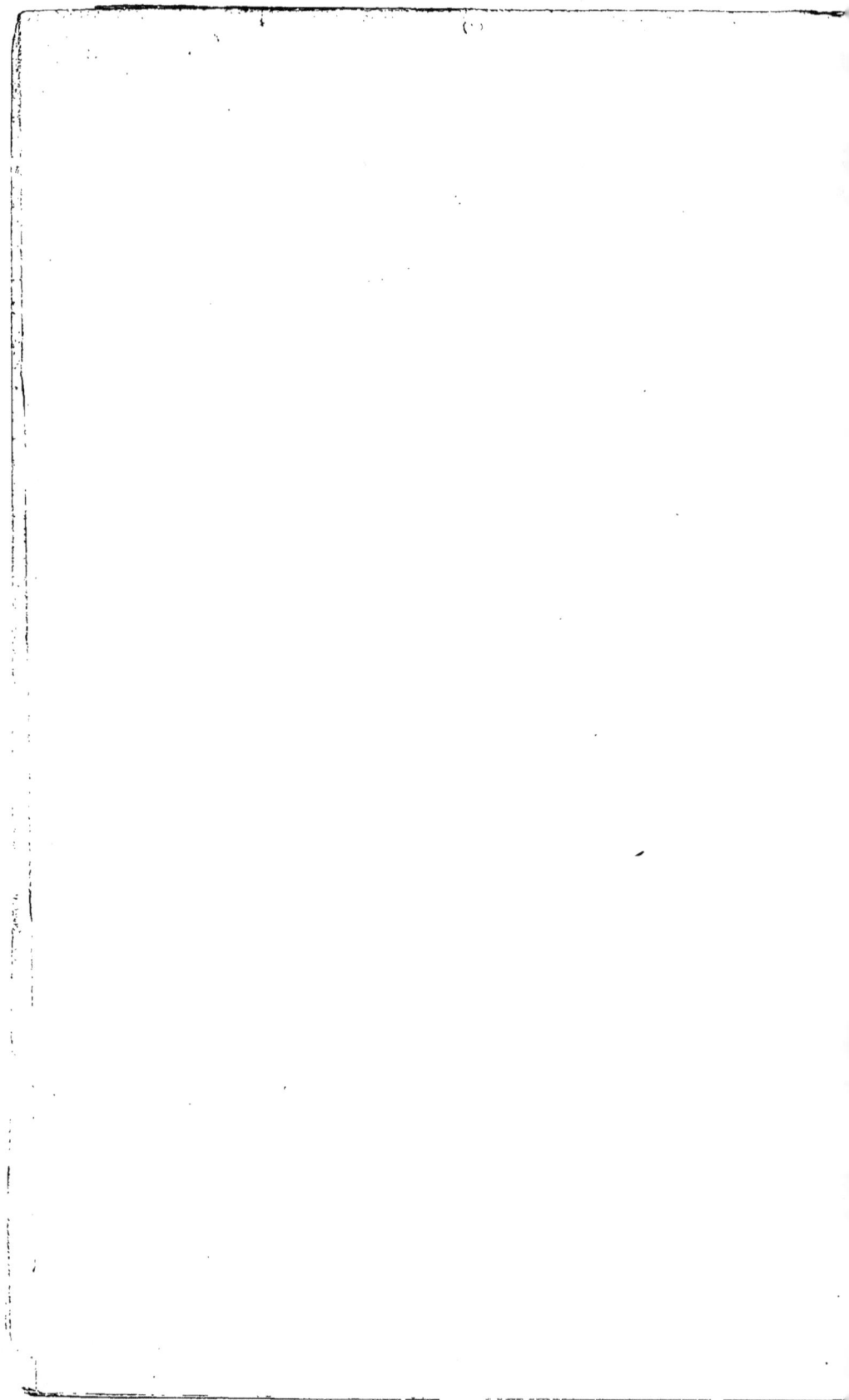

PRINCIPES

DE LA

TAILLE DES ARBRES FRUITIERS

CHAPITRE Ier

NOTIONS INDISPENSABLES

Il faut, avant tout, tâcher de se mettre dans la tête la forme des arbres propres à être taillés. Tout arbre de jardin se présente ordinairement sous la forme de *pyramide*, d'*espalier*, de *contre-espalier*, etc. Les arbres en espalier ou en contre-espalier se composent, le plus souvent, d'une ou de deux branches mères verticales. De la branche-mère naissent les branches qui se dirigent à droite et à gauche et qui forment les bras ou la charpente de l'arbre ; c'est pour cela qu'on les appelle branches *charpentières*. Elles sont au nombre de trois, de quatre, de cinq ou de six de chaque côté. Elles doivent être espacées entre elles régulièrement. 'Dans une pyramide, les branches charpentières sont disposées autour de la branche verticale, sans confusion, sans laisser de vide désagréable, et assez espacées pour que l'air et la lumière pénètrent partout (1). Toute branche charpentière doit être dirigée en ligne droite, sans autres coudes que ceux exigés par la forme adoptée ; elle est couverte, dans toute sa longueur, de petits rameaux très-courts qui forment les productions fruitières. Si les arbres n'ont pas une forme régulière, on ne peut pas leur appliquer les principes de la taille avec succès.

Tout le monde connaît la sève. Dans un arbre elle a deux courants constants et bien marqués : Elle part d'abord des racines, s'élève jusqu'aux extrémités des branches et se porte sur les boutons pour les faire développer en feuilles. Les feuilles sont pour la sève ce qu'est le poumon pour le sang : elles la mettent en communication avec l'air, dont elle prend les éléments. Après avoir subi de notables modifications par le contact de l'air, la sève redescend sous le nom de *cambium*, dépose sous l'écorce une couche de *liber* qui sert à l'accroissement de l'arbre et va jusqu'aux racines provoquer leur développement.

La sève a naturellement (principe fondamental) une tendance à s'élever verticalement. Une branche verticale attirera donc plus de sève qu'une branche inclinée. Comme dans les arbres soumis à une forme régulière, il y a des branches inclinées, quelquefois horizontalement, il faut savoir diriger la sève de manière à ce qu'elle circule partout également ; il faut la détourner de sa direction naturelle qui la porte à s'élever verticalement, afin de la faire passer dans les parties faibles et de maintenir ainsi l'équilibre entre les branches.

_____

(1) On trouvera plus loin de plus amples détails sur la forme d'arbres.

Quand on veut faire une plantation d'arbres fruitiers, il ne suffit pas d'écrire à un pépiniériste de vous envoyer tant d'arbres, poiriers ou pommiers, et de les planter tels quels dans un terrain quelconque. Vous auriez une déception complète, si vous plantiez des poiriers greffés sur coguassier, dans une terre maigre et sèche : les arbres ne pousseraient pas, et s'é-puiseraient en peu de temps à produire quelques fruits chétifs et mal nourris. De même, si vous voulez avoir de petits arbres, gobelets, cordons, buissons, il ne faudra pas planter des pommiers greffés sur franc, ni même sur doucin, si le terrain est bon. Il serait impossible de tenir ces arbres sous une petite forme. On aura beau les tailler et les retailler, on ne parviendra qu'à en faire quelque chose d'informe, et jamais on n'aura de fruit ; dans ce cas, on devra planter des arbres greffés sur paradis (pommier nain). Le défaut général des jardiniers qui ne taillent pas d'après les principes, c'est de trop multiplier les grosses branches, de les tailler trop courtes, et de ne pas laisser prendre aux espaliers assez de développement en largeur : au contraire, ils taillent les pro-ductions fruitières trop longues, et les laissent devenir trop grosses; les boutons à fruits manquent d'air et de lumière.

La taille du pêcher est entièrement différente de celle des arbres à fruits à pépins. De ce qu'on sait tailler le poirier, il n'en faut pas conclure qu'on saura aussi traiter le pêcher.

Ces quelques notions générales développées dans le cours de l'ouvrage, seront pour le lecteur, comme un guide qui lui montre de loin les horizons de la science, et les points sur lesquels il devra principalement porter ses regards.

CHAPITRE II

PLANTATION— PREMIERS SOINS A DONNER

AUX ARBRES FRUITIERS

Quand on reçoit, en automne ou en hiver, des arbres d'un pépiniériste, et que la gelée ne permet pas de les planter, on peut les mettre en jauge dans l'endroit le plus chaud et le plus sec du jardin. On ouvre une fosse suffisante pour recevoir les racines que l'on recouvre entièrement avec de la terre non gelée. Les arbres pourront, sans inconvénient, rester ainsi pendant tout l'hiver. Quelques arboriculteurs en usent de même pour les arbres qu'ils ont chez eux, et qu'ils ne veulent planter qu'au printemps. Il y a avantage à les dé-planter en automne. Un jardinier expérimenté me disait un

jour : « arrachez vos arbres en automne, et puis, plantez
» quand vous voudrez. »

On peut signaler plusieurs défauts très-communs dans la
plantation des arbres.

1° On ne les déplante pas avec assez de soin. On se con-
tente de déchausser un peu l'arbre, et on l'arrache de force,
en sorte que plusieurs racines en sont cassées ou meurtries ;
quelquefois même on les coupe, on les froisse avec la bêche,
ce qui nuit beaucoup à la prompte reprise et à la vigueur de
l'arbre.

2° On les place dans un petit trou d'un pied carré, comme
dans une caisse où les racines ne peuvent pas se développer.
Pour planter un arbre convenablement, il faut ouvrir, longtemps avant, si on le peut, des fosses larges et profondes, au
moins d'un mètre en tous sens, afin que les racines puissent
s'étendre au loin et sans peine dans cette terre nouvellement
remuée. Quand on plante une rangée d'arbres. Le meilleur
moyen est d'ouvrir une tranchée dans toute la longueur. Si
l'on rencontrait un sous-sol très-humide, il faudrait pratiquer
un drainage réel, ou au moins artificiel. Pour cela faire,
on placerait au fond de la fosse un lit assez épais de pierres
ou de bois, pour empêcher les racines de plonger dans l'eau.
Le tout serait recouvert d'une forte couche de terre végétale
sur laquelle l'arbre serait planté. Nos vignerons usent souvent
d'un moyen semblable en plantant leurs vignes. Ils placent
au fond de leurs tranchées une rangée de fagots de pin ou de
buissons qui agissent à la fois, comme drainage et comme
engrais, et donnent des résultats merveilleux. Il n'y a pas de
raison de croire que ce qui réussit si bien pour la vigne ne
fût également très-utile aux arbres.

Quand on plante peu de temps après avoir ouvert les trous, il faut bien se garder de remettre autour des racines et au fond de la fosse, la terre qui vient d'en être extraite. Cette terre qui a été longtemps privée du contact de l'air et de la lumière est improductive ; elle ne communiquerait aux racines que peu d'éléments nutritifs, et l'arbre ne prospérerait pas. On devra donc placer autour des racines et sous elles, de la terre prise à la surface du sol. Si elle est trop maigre, il sera très-utile de l'améliorer avec du terreau grossier. Les gazons décomposés, les débris de végétaux, la boue des rues sont très-propres à cet usage.

Il vaux mieux bien mélanger le fumier avec la terre que de mettre alternativement une couche de fumier, sur une couche de terre. Ce dernier mode produit du désordre dans la végétation. Ce serait encore une faute d'enfouir du fumier pailleux autour de l'arbre que l'on plante. La fermentation qui se produirait alors, nuirait aux racines ; mais il sera très-utile d'en placer une bonne couche extérieure, autour de l'arbre, surtout dans les terrains secs. Il empêchera l'évaporation trop prompte, et entretiendra ainsi une humidité favorable à la végétation, tout en fournissant aux racines un engrais salutaire.

3º Un défaut capital de la plupart des jardiniers, c'est de planter trop profond. Voici comment s'exprime a ce sujet M. P. de Mortillet, un de nos arboriculteurs distingué. « Je » pose un fait que, sur cent arbres, quatre-vingt-dix sont » plantés trop profond. Très-souvent l'insuccès d'une planta- » tion ne tient pas à une au trecause. » On devra placer générale- lement les racines à la même profondeur qu'elles avaient dans la pépinière. Celles qui touchent au collet, ne seront donc recouvertes que de 6 à 8 centimètres de terre. L'air est néces-

saire aux racines; chacun a pu remarquer que les grands
arbres ont souvent leurs plus grosses racines en partie hors de
terre. Cependant, dans les terrains très-légers, on doit planter
un peu plus profond, pour que l'arbre ne soit pas trop exposé
à la sécheresse et au froid. Dans ce cas, on doit entretenir un
paillis autour de l'arbre pour retenir l'humidité. Les racines
de l'arbre que l'on plante doivent être arrangées avec soin
dans leur position naturelle. Qu'on se garde bien d'en couper
aucune, à moins qu'elle ne soit cassée ou meurtrie. L'arbre
doit être placé sur une butte de bonne terre ménagée dans
le trou, afin d'asseoir les racines assez près du sol. Il faut
tenir compte du tassement qui est de 10 centimètres par mètre. Après avoir bien étendu les racines, on fait glisser de la
terre entre elles, et on achève de couvrir, en formant au pied
de l'arbre un petit monticule que le tassement fera bientôt
disparaître. On ne doit pas marcher avec force sur la terre
après avoir planté, car on s'exposerait à casser les racines ;
on peut cependant serrer un peu la terre, pour bien fixer
l'arbre.

C'est un faux calcul que d'économiser sur les frais de plantation ; car tout dépend de là. Un arbre mal planté, surtout
dans les terres maigres, sera souvent faible, sans vigueur ; si
on lui fait porter quelques fruits, il prendra la jaunisse, fera
la désolation du jardinier qui, pourtant, hésitera toujours à
l'arracher. Si vous avez des arbres dans ce cas, vous ne devez
pas hésiter : arrachez avec soin, défoncez le terrain, ameu-
blissez et replantez. Quand l'arbre aurait dix ans, il repren-
dra sans peine, si on emploie les soins indiqués.

4° On ne doit pas tailler le poirier ni le pommier la première année de leur plantation. L'arbre a besoin alors de
toutes ses feuilles pour pouvoir développer de nouvelles ra-

2

cines, et être en état de donner de vigoureux bourgeons
l'année suivante. De plus, il est toujours fâcheux de lui donner deux maladies à la fois, celle de la déplantation et celle
de la taille. Le pêcher fait exception à cette règle. Si on
ne le taillait pas en le plantant, les boutons de la base s'é-
teindraient, et on n'en aurait point pour former les deux premières branches de la charpente. Quand je dis qu'on ne doit
pas tailler le poirier ni le pommier la première année de la
plantation, cela ne s'entend rigoureusement que de ceux qui
sont plantés au printemps, ou de ceux que les pépiniéristes
envoient déjà garnis de leurs premières branches charpentières ; encore faut-il retrancher quelques centimètres de l'extrémité de leurs branches, pour rétablir l'équilibre entre elles et
les racines que la déplantation a plus ou moins endommagées.
Quant à ceux qui sont plantés en automne, quelques arboriculteurs prétendent qu'il est indifférent de les tailler ou non.

L'arbre nouvellement planté doit être enduit, tout entier,
d'un mélange composé d'un tiers ou d'un quart de bouse
de vache et de terre grasse pour le reste. Cette couche,
appliquée sur l'arbre, empêche l'évaporation de la sève, qui
alors est peu abondante et fort nécessaire. L'arbre doit évi-
demment périr toutes les fois qu'il s'évapore autant de sève que
les racines en fournissent ; car alors il n'en reste plus pour la
végétation, et l'arbre se dessèche. Ce moyen, bien simple,
assure la reprise d'une manière presque infaillible. On doit
renouveler la couche si la pluie enlève la première.

Si on arrache un arbre et qu'on veuille le remplacer par
un autre de la même espèce, il faut renouveler entièrement
le terrain pour réussir. Le jeune arbre ne pousserait pas dans
une terre épuisée par le vieil arbre.

Dans les terrains secs, il vaut mieux planter en automne et

de bonne heure ; dans les terres humides, il est préférable de planter au printemps. L'humidité de l'hiver pourrait détériorer les racines du jeune arbre. Le poirier et le pommier se plaisent surtout dans les terres un peu fortes ; mais les fruits sont plus savoureux si l'arbre est planté dans un terrain léger.

(On trouvera d'autres détails sur le choix des terrains au chapitre de la greffe).

CHAPITRE III

FORMATION DES ARBRES FRUITIERS

J'ai déjà dit que les principes de la taille ne peuvent pas être appliqués efficacement sur des arbres qui n'ont pas une forme régulière. J'insiste sur ce point, car on trouve ici peu d'arbres ayant une forme régulière. En général, ici, un espalier se compose d'un arbre hérissé de cent branches, toutes de différente grosseur, courbées dans tous les sens et entremêlées de manière à former un buisson, où l'air et la lumière ne peuvent pas pénétrer. Au printemps, il pousse de tous côtés une forêt de branches gourmandes qui absorbent toute la sève, au détriment de l'arbre et du fruit. Sur de pareils arbres, il n'est pas possible de se rendre maître de la sève et de la diriger où l'on veut, et c'est pourtant là le but principal de la taille.

Quand on forme un jeune arbre en espalier ou en contre-espalier, il faut s'occuper à bien équilibrer la force de la sève. Pour cela, quelle que soit la forme de l'arbre, ayez soin que chaque paire de branches charpentières qui vont à droite et à gauche, soient respectivement égales en longueur et en force : celles de l'étage le plus bas sont les plus fortes, et chaque étage supérieur va en diminuant de force jusqu'au sommet. Si un côté prenait le dessus, il attirerait bientôt une grande partie de la sève, et l'autre côté périrait d'inanition. S'il s'agit d'une pyramide, toutes les branches qui sont sur le même étage doivent être aussi de même force : les inférieures sont les plus fortes et elles vont en diminuant de force jusqu'à la flèche (sommet de la pyramide). Pour atteindre ce but, voici les moyens qu'emploient les praticiens et que décrit si bien le savant ouvrage de M. Du Brueil, d'où je tire, en partie, l'énoncé des principes suivants. (1)

1° *Tailler courts les rameaux de la partie forte, sur le* 2ᵉ *ou* 3ᵉ *œil ; tailler longs les rameaux de la partie faible, sur le* 5ᵉ, 6ᵉ *ou* 8ᵉ *œil.* Il s'agit ici de l'extrémité des branches charpentières et nullement des rameaux à fruits qu'elles portent sur toute leur longueur. Ces rameaux à fruits doivent être toujours tenus très-courts et très-rapprochés de la branche. Cette taille se pratique sur la pousse de l'année précédente. On pourrait dire, en général, qu'on taille long quand on ne coupe que le tiers de cette pousse, et qu'on taille court, quand on en retranche les deux tiers ou plus. Expliquons ce principe : la sève est attirée par les boutons et les feuilles ; en conséquence plus il y aura de boutons et de feuilles sur une branche, plus la sève s'y portera. En coupant courte la branche forte, on la prive d'un certain nombre de boutons ; en coupant longue la faible, on lui laisse plus de boutons, lesquels développeront un grand nombre de feuilles. La sève arrivera en abondance ; elle recevra largement les principes de l'air par le moyen de ces nombreuses feuilles, et elle déposera, en descendant, de fortes couches de *liber* qui feront promptement grossir la branche.

2° *Incliner la branche forte et redresser la branche faible.* Nous avons dit qu'une branche verticale attire plus la

_____

(1) Cours élémentaire d'arboriculture, par M. A. Du Breuil, 2ᵉ v. page 588.

sève qu'une branche inclinée. En redressant la partie faible, on y détournera un plus grand courant de sève qui la fortifiera.

3° *Supprimer, le plus tôt possible, sur la partie forte, les bourgeons inutiles, et le plus tard possible, sur la partie faible.* Nous savons que les bourgeons et les feuilles attirent la sève. En laissant plus de bourgeons et de feuilles sur la partie faible, on attirera la sève de ce côté, et on la détournera du côté fort en enlevant les bourgeons inutiles. On appelle bourgeons inutiles ceux qui ne sont pas nécessaires pour la fructification, soit parce qu'ils sont trop rapprochés les uns des autres et qu'ils produiraient de la confusion ; soit parce qu'ils sont mal placés et qu'ils absorberaient inutilement la sève, comme nous le dirons surtout en parlant du pêcher.

4° *Pincer, de bonne heure, à 8 ou 10 centimètres les bourgeons de la branche forte, et plus tard, ceux de la branche faible.* Même raisonnement, les bourgeons et les feuilles attirent la sève, etc. Pincer, c'est couper avec l'ongle ou avec un instrument l'extrémité encore tendre d'une pousse.

5° *Laisser beaucoup de fruits sur la branche forte et peu ou point sur la branche faible.* Les fruits absorbent une grande quantité de sève et c'est aux dépens de la végétation de la branche. En retranchant les fruits de la branche faible, on laissera à la sève toute son action pour la fortifier. En général, il ne faut laisser que peu de fruits sur les jeunes arbres : une trop grande abondance les ferait périr d'épuisement.

6° *Palisser près, serré et de bonne heure, les bourgeons de la branche forte, et tard ceux de la branche faible.* Le palissage contre le mur fait que la lumière ne tombe que sur une des faces des rameaux, et leur vigueur en est ralentie, car la lumière joue un grand rôle dans la végétation. On diminuerait aussi la vigueur d'une branche en la couvrant pour la priver de lumière ; et on lui donne de la force en l'éloignant du mur, parce qu'alors elle a plus d'air et de lumière.

7° *On emploie l'entaille en dessus pour donner de la vigueur à une branche et l'entaille en dessous pour lui en ôter.* L'entaille est un cran, vulgairement une *coche*, que l'on pratique avec une scie ou avec une serpette à la base d'une branche. En pratiquant l'entaille en dessus de la branche, du côté opposé à la base de l'arbre, on coupe les vaisseaux de la sève qui se dirigeait plus loin, et alors, elle est refoulée dans la branche. L'entaille en dessous, du côté de la base de l'arbre, coupe les canaux de la sève qui se dirigeait dans la branche, l'arrête et la force à passer ailleurs. Comme la branche reçoit alors moins de sève, elle se trouve affaiblie.

Pour rétablir l'équilibre entre ces deux branches dont l'une est forte et l'autre faible, on a incliné la forte B, on l'a taillée courte, sur 2 ou 3 yeux de la dernière pousse T, et on lui a pratiqué une entaille en dessous E. La branche faible A est laissée dans la position verticale, et en son entier ; car le bas est assez garni de bourgeons, on lui a pratiqué une entaille en dessus I.

Voilà différents moyens pour maintenir l'équilibre entre les branches d'un arbre. Selon les besoins et les circonstances, on peut les employer séparément ou simultanément. Ainsi pour fortifier une branche faible, on peut, à la fois, la tailler longue, la dresser verticalement, l'éloigner du mur, la pincer tard, et lui pratiquer une entaille en dessus. Il peut arriver qu'on ne puisse pas employer tous ces moyens ; par exemple, si après avoir taillé long, on s'aperçoit que les yeux qui sont à la base de la branche ne se développent pas, il faut leur pratiquer un cran en dessus. Si ce moyen ne les fait pas partir, il faut raccourcir la taille sur un bon bourgeon. La sève est ainsi refoulée vers la base et fait pousser ces yeux restés inactifs, et qui sont nécessaires pour n'avoir pas de vide sur la branche charpentière. Si, au lieu d'avoir à fortifier une branche faible, il s'agissait de diminuer la vigueur d'une branche plus forte que les autres, on emploierait la taille courte, le pincement rigoureux, le palissage serré, l'inclinaison horizontale, l'entaille en dessous et, au besoin, *l'incision annulaire*. Cette dernière opération consiste à enlever un petit anneau d'écorce autour de la branche ; elle coupe les canaux de la sève et lui ôte une grande partie de sa force. Par tous ces moyens, on empêchera la sève de se diriger du côté de la branche forte, en grande abondance, et on la forcera à passer dans les parties faibles.

CHAPITRE IV

QUELQUES OBSERVATIONS PRATIQUES TRÈS-IMPORTANTES

Si un arbre est faible et peu vigoureux, *il faut tailler courtes toutes les branches charpentières, sur le 2e ou le 3e œil*. Il est évident qu'une quantité de sève donnée agira plus fortement sur un petit nombre de bourgeons que si son action est partagée entre un grand nombre. Lorsqu'il y a beaucoup de sève dans l'arbre, il faut l'attirer dans la partie faible, en lui laissant beaucoup de bourgeons. Quand il s'agit d'un arbre peu vigoureux, il y a peu de sève, il faut alors la concentrer sur un petit nombre de bourgeons, afin de leur donner plus de vigueur.

Du rameau terminal. *Il faut avoir grand soin du rameau terminal des branches charpentières*. Le rameau terminal est celui qui forme l'extrémité des branches charpentières. Il doit être toujours tenu vigoureux, afin que la sève, attirée par lui, circule librement dans toute la branche. Ce rameau est destiné aussi à absorber l'excédant de sève qui peut se trouver dans la branche, après les pincements. L'extrémité des branches charpentières doit être toujours taillée sur un bouton de l'année ; un bouton du vieux bois n'aurait pas assez de vigueur. Quand la branche a atteint la limite qui lui est marquée, il faut, de temps en temps, choisir en avant un jeune bourgeon vigoureux que l'on dispose, de bonne heure, de manière à pouvoir continuer la tige, et, au printemps, on rabat le bois vieux jusqu'à ce bourgeon, qui devient alors terminal. Un bourgeon terminal ne se pince que quand il prend beaucoup plus de vigueur que les autres terminaux, et menace de les appauvrir, ou bien quand les yeux de la base de sa branche diffèrent à partir. — Si, par un accident quelconque, le rameau terminal poussait peu, il faudrait revenir en arrière, sur un bon bourgeon plus vigoureux qui deviendrait terminal — Les bourgeons qui avoisinent les terminaux doivent être pincés avec soin, afin qu'aucun ne prédomine sur le terminal.

Du PINCEMENT. Le pincement est le point capital pour la conduite des arbres, mais il demande à être pratiqué avec soin et discernement. Il doit être appliqué d'une manière différente, selon la vigueur de l'arbre, et selon le but qu'on se propose, comme de mettre à fruit ou à bois, de fortifier ou d'affaiblir une branche. Ce que j'en dirai suffira pour résoudre les cas les plus ordinaires.

J'ai déjà dit que, sur une branche faible qu'il faut fortifier, le pincement doit être fait plus tard. Cependant, même sur cette branche, on doit pincer de bonne heure les bourgeons gourmands qui peuvent naître au dessus de la branche inclinée, quand ils menacent de devenir gros et vigoureux. Si on les négligeait, la sève se porterait sur ce point et abandonnerait le rameau terminal. Sur cette même branche, il faut encore pincer les bourgeons qui avoisinent le terminal, afin que ce dernier soit le plus long et le plus vigoureux. On voit que je défends avec soin le bourgeon terminal, parce que je me suis aperçu que beaucoup de jardiniers lui font la guerre.

Ce que je dis de la branche faible peut s'appliquer aussi à un arbre faible et peu vigoureux. Il faut toujours pincer les rameaùx du dessus d'une branche inclinée, mais on pince long; quand le rameau a de 10 à 15 centimètres, on le coupe à son extrémité seulement. Sans cette précaution les rameaux du dessus deviendraient beaucoup plus forts que ceux du dessous ou des côtés, et les appauvriraient trop : la sève a beaucoup plus de force sur le dessus d'une branche inclinée que sur le dessous. Sur un arbre faible, on doit aussi maintenir le rameau terminal prédominant.

Il ne faut pas oublier que la sève se dirige avec répugnance vers l'extrémité d'une branche horizontale. Suivant sa tendance naturelle, elle cherche à s'échapper par la verticale. Pour cela, elle développe des bourgeons vigoureux sur le dessus des branches, surtout vers les coudes. Si on la laissait libre, on verrait bientôt sur le dessus des branches inclinées un ou plusieurs rameaux d'une vigueur énorme, qui attireraient la plus grande partie de la sève, et le reste de la branche, ainsi que les fruits seraient réduits à la misère. Ceci a lieu surtout sur les arbres jeunes et vigoureux. On s'oppose à cette tendance par le pincement. Sur un arbre vigoureux, quand un bourgeon du dessus est long de 6 à 10 centimètres, il faut le couper a 3 ou 4 feuilles de sa base. Il faut que les 3 ou 4 feuilles qui restent soient pourvues d'un œil à leur aiselle. Dans quelques espèces, comme le Bon chrétien d'hiver, les Crassanes, etc., les premières feuilles de la base des rameaux n'ont pas d'yeux. On doit alors tailler plus long; car s'il ne restait point d'yeux pour se développer, le rameau coupé deviendrait un chicot inutile, qu'il faudrait retrancher plus tard. (1)

---

(1) On ne doit pas tenir compte de cette observation quand on emploie le pincement court, dont nous parlons plus bas; car il se développe alors des yeux sur toutes les espèces.

Les rameaux du dessous et ceux qui sont minces doivent être pincés à leur extrémité seulement, quand ils ont de 10 à 15 centimètres. Ce premier pincement est le plus nécessaire ; il a pour but de refouler la sève dans la branche charpentière, de la chasser à l'extrémité, et de la faire circuler sur tous les points. De plus, le rameau pincé sera retardé dans son développement ; il ne deviendra pas trop vigoureux, condition nécessaire pour pouvoir être mis à fruit, comme il sera dit plus loin.

Rameau de poirier pincé à 10 centimètres. L'œil de l'extrémité a donné un faux bourgeon A, qui doit être pincé lui-même sur 2 ou 3 yeux.

Quelque temps après le premier pincement on verra l'œil de l'extrémité du rameau pincé partir en faux bourgeon. Si l'arbre a une certaine quantité de fruits, il faut pincer une seconde fois, en ne laissant qu'un œil à la nouvelle pousse, afin que la sève serve aux fruits au lieu de se dépenser en rameaux inutiles. Mais si l'arbre n'a point de fruits et s'il est fort vigoureux, ou bien encore si le bourgeon terminal avait éprouvé un accident, il faudrait pincer plus long ; on pourrait même, dans certains cas, laisser intacts les rameaux latéraux et ceux du dessous, surtout ceux de l'extrémité de la branche, pour remplir la fonction du rameau terminal, si celui-ci était

avarié. Sans cette précaution la sève, refoulée par le pincement, ne trouverait pas assez d'issues et ferait partir à bois
tous les boutons, ce qui compromettrait la production du
fruit pour l'année suivante. On verra plus loin ce que l'on
fait de ces rameaux pincés ou laissés en leur entier. Deux
pincements sur le même rameau suffisent ordinairement pour
le poirier et le pommier. Il est bon de ne pas pincer sur le
même arbre un grand nombre de bourgeons le même jour,
pour ne pas porter une perturbation fâcheuse dans le mou-
vement de la sève.

CHAPITRE V

MISE A FRUIT DU POIRIER ET DU POMMIER

(Arbres à fruit à pepins)

Une branche charpentière doit avoir des productions fruitières sur toute sa longueur, sans vide considérable, comme sans confusion. Les fruits sont tenus le plus près possible de la branche charpentière. Il faut donc rapprocher les rameaux à fruit, qui tendent à trop s'allonger, sur les bourgeons qui poussent plus près de la base.

Sur le poirier et le pommier, il y a cinq sortes de rameaux à fruit : 1° le *dard*, petit rameau droit, terminé par un bouton à fruit, long de 4 à 8 cent. et entouré d'une rosette de feuilles ; 2° la *lambourde*, rameau qui ressemble au dard, mais plus court et plus gros ; 3° la *brindille*, rameau faible et mince, plus long que le dard, et terminé par un bouton ; 4° la *bourset* qui est le point où étaient attachés les fruits de l'année précédente. Ce rameau se termine par une excroissance charnue qui a plusieurs yeux à sa circonférence ; 5° La *branche à fruit proprement dite*, plus forte que la brindille, garnie de lambourdes, de bourses et de petits dards.

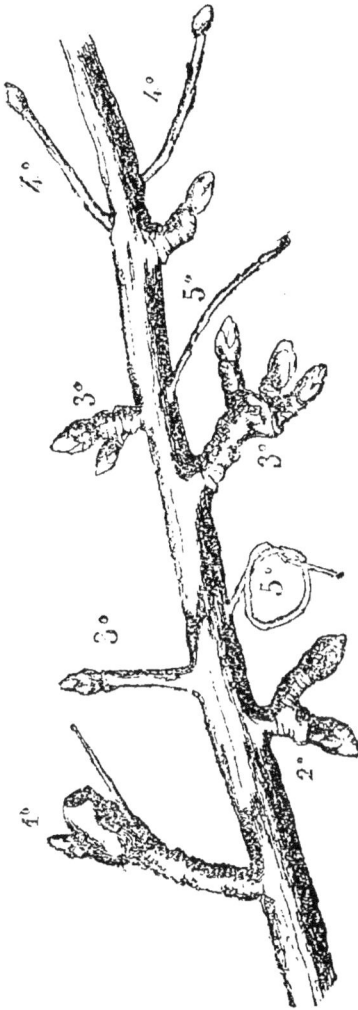

Branche de poirier portant dans le bas : 1° une bourse, garnie d'une lambourde et d'un dard ; 2° et 3° trois lambourdes dont deux sont formées de deux boutons à fruit, et l'autre de trois ; 4° trois dards ; 5° deux brindilles dont l'une est contournée en forme de trompette.

Le dard ne reçoit aucune taille. La lambourde ne se taille pas non plus; cependant, quand il s'en développe plusieurs sur le même point, il faut faire, chaque année, quelques suppressions sur les plus éloignées. On coupe le bouton terminal de la brindille; on peut aussi l'arquer, la casser ou la tailler sur trois ou quatre yeux. Si la bourse a trop de boutons, on en retranche en lui enlevant le quart de son extrémité charnue. La branche à fruit *proprement dite* ne doit pas être tenue trop longue; elle ne doit pas dépasser 12 ou 15 cent. Les rameaux fructifères du poirier et du pommier sont toujours âgés, au moins de deux ou trois ans; une fois qu'ils ont donné du fruit, ils peuvent en produire indéfiniment, si on les ménage.

Voici le principe général pour la mise à fruit : Tout le monde a pu remarquer qu'un arbre faible et peu vigoureux est toujours à fruit, et qu'au contraire, un arbre excessivement vigoureux ne pousse que du bois. Partant de cette observation, nous dirons donc : Pour rendre un rameau propre à donner du fruit, il faut le tenir dans un état de faiblesse relative et l'empêcher de grossir; un rameau à fruit, surtout sur le pêcher, ne doit être guère plus gros qu'un tuyau de plume à écrire. S'il est beaucoup plus gros, il attire une trop grande quantité de sève, qui fait partir à bois tous les boutons. — Je dis qu'on doit affaiblir les rameaux à fruit, mais non l'arbre, au moins ordinairement; car, *pour avoir une bonne fructification, il faut avoir une bonne végétation,* comme le disait dernièrement le *Sud-Est.* Maintenant, voici les moyens pratiques pour appauvrir les rameaux destinés à donner du fruit.

C'est vers la troisième année que le jeune arbre commence

à se mettre à fruit. Pour faciliter cette tendance naturelle, on emploie les moyens suivants :

1° Au printemps, *une taille longue sur les bourgeons terminaux*. On enlève le tiers ou le quart de la dernière pousse sur les arbres très-vigoureux, et la moitié sur ceux qui ont une végétation médiocre. Cette taille longue aura pour effet d'affaiblir les rameaux à fruit : la sève étant divisée entre un plus grand nombre de bourgeons, les fera végéter avec moins de force, et les disposera ainsi à la fructification ;

2° *Le pincement*. Nous avons vu combien le pincement est nécessaire pour la formation de l'arbre ; il ne l'est pas moins au point de vue de la mise à fruit. Les rameaux pincés court ont été affaiblis par cette opération répétée. Au mois d'août on les coupe sur trois ou quatre yeux de la base. La sève d'août développe ces yeux et les change en petites lambourdes.

3° *Le cassement*. Les rameaux qui ont été pincés longs ou laissés en leur entier, doivent aussi être préparés à la production du fruit. Si on attendait le mois d'août, les yeux de leur base pourraient s'éteindre ou rester peu apparents ; pour éviter cet inconvénient, vers la fin du mois de juin, on emploie l'opération du cassement : on brise le rameau aux trois quarts, sur trois ou quatre yeux de sa base, et on le laisse pendant à sa tige. Si l'on craignait que les yeux de la base ne partissent en faux bourgeons, à cause de la grande vigueur de l'arbre, on pourrait effectuer le cassement en deux fois ; on casserait d'abord le rameau au milieu, et quelque temps après comme nous venons de le dire. Voici le résultat du cassement : la force de la sève se trouve divisée ; une partie s'amuse, comme disent les jardiniers, et se

dépense à réparer le ravage de la cassure, l'autre partie forti-
fie les yeux de la base des rameaux cassés, sans les faire partir, car elle est trop faible, et elle les dispose ainsi à se mettre
à fruit. Au mois d'août on enlèvera la partie cassée, et les
trois ou quatre yeux qui resteront formeront des dards et des
lambourdes.

Branche de poirier portant : 1° une incision annulaire d'un demi centimètre de large, opération propre à diminuer la vigueur de la végétation
pour mettre la branche à fruit; 2° rameau cassé à dix centimètres, au
mois de juillet; 3° rameau trop gros coupé sur couronne à la fin de juin;
les sous-yeux ont donné deux rameaux plus faibles qui se mettront à
fruit.

Si, parmi les rameaux pincés ou cassés, il s'en trouvait

quelqu'un qui fût trop gros, il faudrait le couper sur *couronne*, c'est-à dire sur le petit empâtement qui est à sa base. Il sortira des sous-yeux de cet empâtement, des bourgeons qui donnent un ou plusieurs rameaux moins vigoureux que le précédent, et plus propres à se mettre à fruit. On peut couper les rameaux trop forts au mois de juin, au lieu de les casser. S'il en naît plusieurs, on n'en garde qu'un seul ; les autres sont retranchés.

4° *L'incision annulaire*. Elle consiste à enlever un petit anneau d'écorce au bas de la branche que l'on veut mettre à fruit. On conçoit que cette opération ne peut pas être appliquée sur toutes les branches d'un arbre ; car il faut laisser des issues à la sève ; on ne peut donc l'appliquer que sur une ou deux branches plus fortes que les autres ; par ce moyen, on travaillera à la fois au maintien de l'équilibre de l'arbre et à la mise à fruit. On l'emploie aussi avec succès sur la tige des pyramides et des fuseaux.

5° *Greffe de lambourdes*. On peut mettre à fruit un arbre vigoureux, en lui greffant des lambourdes, prises sur un autre arbre. On emploie la greffe en écusson ordinaire, que l'on pratique au mois d'août, ou même à la première sève du printemps, mais alors le succès est moins sûr ; ces lambourdes donnent du fruit l'été suivant, et du fruit remarquable par sa grosseur et sa bonté. (1)

---

(1) Quand, sur un arbre qu'on a négligé, il se trouve plusieurs gourmands, au lieu de les retrancher tous, on peut greffer à la base de quelques-uns une lambourde pour leur faire donner du fruit dans l'année. De cette manière, ils seront transformés en rameaux à fruits ; mais il pourrait arriver, si la sève est trop abondante, que la lambourde poussât à bois, au lieu de donner des fleurs ; si l'on craint que cela n'arrive, on coupe d'abord le rameau un peu long, afin que les yeux qui seront au-dessus de la lambourde absorbent une partie de la sève, et quand les fruits auront noués, on rabattra le gourmand au-dessus de la greffe. La sève alors profitera aux fruits.

6° *La déplantation*. Quand on a des arbres d'une vigueur telle qu'on ne peut pas les maîtriser, le meilleur moyen de les mettre à fruit est de les déplanter et de les replanter à la même place, jusqu'à trois fois, en trois ou quatre ans, si cela est nécessaire. De cette manière, on modère la vigueur de l'arbre, sans avoir recours à des mutilations fâcheuses. On peut aussi pâlisser les rameaux ou les courber en forme de trompette ; un rameau courbé perd de sa force et se met à fruit. Aussitôt qu'on s'aperçoit qu'un bourgeon devient trop fort, il faut lui pratiquer un cran en-dessous. Ce moyen suffit le plus souvent pour le modérer.

CHAPITRE VI

MISE A FRUIT. — PINCEMENT COURT

(Autre moyen simple et peu connu)

Quelques personnes trouveront que les moyens ci-dessus indiqués pour la mise à fruit sont encore un peu compliqués. En voici un autre bien plus simple. Il a été d'abord appliqué aux petits cordons de poiriers et de pommiers, avec un plein succès. Comme les bras des arbres en cordons sont dans les mêmes conditions qu'une branche charpentière, on a essayé de l'employer sur les branches charpentières des espaliers, des contre-espaliers et même des pyramides, et la réussite a été satisfaisante; je pense qu'on ne doit pas l'employer sur les arbres très jeunes, quand ils sont destinés à prendre un grand développement. Voici ce moyen en quelques mots : *On pince tous les bourgeons à fruit aussitôt que la 3ᵉ feuille est développée, sans toucher au bourgeon terminal, qu'il faut beaucoup favoriser.* Du reste, on donne à l'arbre les soins ordinaires pour l'équilibre des branches. Le rameau terminal joue ici un rôle très-important; il est chargé d'absorber la sève excédente; il faut donc le tenir dans un bon état de végétation; s'il lui arrive quelque accident, on a soin de le remplacer par une pousse vigoureuse de son voisinage. Au printemps, on élague ce qui causerait de la confusion et ce qui paraît inutile. Quelques jours après le premier pincement, l'œil de l'extrémité du rameau pincé donnera une nouvelle pousse que l'on appelle *faux bourgeon* ou *bourgeon anticipé*. On la pincera aussi, en ne lui laissant que deux yeux. Si ces yeux produisent une troisième et une quatrième pousse, on les retranchera entièrement. Ces pincements réitérés appauvrissent les rameaux; les empêchent de grossir et les forcent à se mettre à fruit. La sève, refoulée dans les branches, se portera avec force aux extrémités, et les fera beaucoup allonger. La charpente de l'arbre se formera promptement, car la sève ne se perdra point en rameaux inutiles. Au printemps, on taillera long le rameau terminal, en ne lui retranchant que le tiers de la dernière pousse dans la position oblique. Pour les arbres en cordon horizontal on ne taille pas le rameau terminal jusqu'à ce qu'un arbre remonte le suivant. Quand cette remonte a lieu, on taille le rameau terminal sur un œil de la dernière pousse, et on le raccourcit assez pour qu'un arbre n'enjambe pas trop le suivant.

Depuis plusieurs années, pour s'exempter du palissage, on a essayé d'appliquer aussi le pincement court aux pêchers, mais l'expérience a démontré que, très-souvent, les arbres jeunes, traités d'après cette méthode, périssent, en peu d'années, de la maladie de la gomme. Appliquée avec intelligence, cette taille pourra donner de bons résultats sur des arbres déjà formés; mais, pour être appliquée à propos, elle demande une assiduité dont peu de personnes sont capables. Un autre défaut de cette taille, c'est qu'en l'employant, on n'obtient les fruits que sur les faux bourgeons, qui sont de mauvaises branches fruitières : le fruit doit alors perdre beaucoup en qualité et en grosseur.

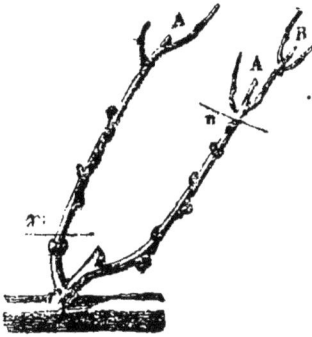

TAILLE MIXTE APPLIQUÉE AU PÉCHER.

Les deux rameaux ont été pincés à environ 12 centimètres en la'ssant
6 ou 7 yeux en A A. Les deux yeux de l'extrémité sont partis en faux
bourgeons, et ils ont été pincés sur deux feuilles, les deux du bourgeon B sont aussi partis et ont été également pincés sur deux feuilles.
A la taille du printemps, on retranche la tête de saule en N ce rameau
donnera le fruit. L'autre sera coupé en M sur deux yeux pour fournir
les rameaux de remplacement : C'est la taille en crochet.

Battus sur ce terrain, les praticiens ont imaginé aujourd'hui un autre système qu'ils appelent la *taille mixte*.
Ce n'est ni le pincement court dont nous venons de parler,
ni le pincement long de l'ancienne école. On pratique un
premier pincement à la longueur de 12 centimètres sur
5 ou 6 feuilles, et les bourgeons anticipés qui viennent
à l'extrémité du rameau pincé, sont coupés sur deux
feuilles. De cette manière on évite aussi le palissage, et
on obtient le fruit sur le rameau de la première pousse.
Au printemps on retranche la tête de saule formée par
les faux bourgeons, et on taille le rameau de remplacement,
s'il est unique, sur 4 ou 5 boutons à fleurs, pour avoir
le fruit et le remplacement; ou bien, s'il y a deux rameaux, on emploie la taille en crochet, comme elle est
décrite au chapitre suivant.

CHAPITRE VII

DU PÊCHER

(Des Arbres à fruit à noyau)

Ce que nous avons dit dans le premier chapitre de la mise à fruit ne s'applique qu'à la taille du poirier et du pommier; celle du pêcher diffère totalement en plusieurs points. Sur le poirier et le pommier, c'est le bois vieux de deux ou trois ans qui donne le fruit, et une fois qu'une lambourde est constituée, elle peut fructifier longtemps, si on ne la laisse pas épuiser. Pour le pêcher, il en est tout autrement: le fruit ne vient que sur un rameau de l'année précédente; un rameau qui a fleuri ne fleurit plus; il faut donc remplacer chaque année au printemps le rameau qui a produit par un autre de l'année précédente. C'est ce qui explique pourquoi les pêchers en plein vent ou abandonnés à eux-mêmes, au bout de quelques années, ne donnent plus que quelques maigres fruits à l'extrémité de leurs branches dénudées. Tout l'art de la taille du pêcher consiste à former ce rameau *de remplacement*; tous les soins doivent tendre à ce but.

Rappelons d'abord les principes généraux. Dans le pêcher la sève a une vigueur plus grande et plus constante que dans les arbres à fruits à pepins. Elle a une grande tendance à se porter aux extrémités des branches, et elle abandonne le bas, qui se dégarnit promptement, si l'on n'y veille avec soin. Il faut donc palisser et pincer plus tôt les bourgeons situés vers l'extrémité des branches, surtout ceux du dessus. — La surabondance de fruits est très-nuisible au pêcher. On enlève ceux qui sont de trop et on en laisse plus sur le dessus que sur le dessous des branches inclinées. — Les gourmands sont très fréquents sur le pêcher, à cause de la vigueur de sa végétation ; Il faut les éviter par le pincement, le palissage, la torsion, et, au besoin, en les coupant sur deux yeux, comme il sera dit plus bas. Si on les laissait vivre, ils absorberaient la sève aux dépens de l'arbre et du fruit. — Le pêcher de jardin doit être toujours en espalier. — Les productions fruitières sont arrangées régulièrement en dessus et en dessous des branches charpentières, de façon à ressembler à une arête de poisson. — Le plus grand nombre des rameaux du pêcher sont garnis d'yeux à bois, accompagnés d'un ou de deux boutons à fleurs. Parmi les branches à fruit, on distingue le *bouquet*, petit rameau très-court, terminé par un œil à bois entouré de fleurs; il ne se taille pas et donne les plus beaux fruits. Il y a encore la branche *chiffonne*, qui est peu importante. Parlons maintenant de la taille pour le fruit et pour le rameau de remplacement.

BRANCHE DE PÊCHER AYANT SUBI DEUX TAILLES 1, 2

Au printemps, on commence la taille sur le rameau terminal C que
l'on coupe au tiers de sa longueur, sur un œil placé devant ou derrière.
Les yeux qui restent donneront, pour l'année suivante, des rameaux comme ceux de la partie B. Les rameaux de la partie B sont taillés sur 3 ou

à boutons à fleurs, excepté le rameau D, qui n'ayant pas de fleurs, sera coupé sur 2 yeux pour fournir les deux rameaux de remplacement. Les autres donneront le fruit à leur extrémité et les rameaux de remplacement par les 2 yeux les plus rapprochés de leur base. L'année suivante, après avoir élagué ce qui a donné le fruit, ces rameaux se trouveront dans le même état que ceux de la partie A : on aura une couronne armée de ses 2 rameaux de remplacement auxquels on applique la taille en crochet. Le plus rapproché de la branche mère est coupé sur 2 yeux pour le remplacement, et l'autre, sur 4 ou 5 boutons à fleurs, pour le fruit. — L'année suivante, on rabattra une partie de la coursonne avec ce qui a porté le fruit, près des 2 rameaux de remplacement qui seront taillés comme précédemment. On opèrera de la même manière tous les ans.

La première sève du printemps fait grossir rapidement les boutons à fruit du pêcher ; tout le monde peut les distinguer sans peine. Nous voici devant une branche charpentière d'un pêcher, âgé de deux ou trois ans, inclinée plus ou moins obliquement. Nous commençons par le rameau terminal, qui sera coupé au tiers de la longueur de sa dernière pousse, si l'arbre est très-vigoureux, et à la moitié de cette même longueur, si l'arbre n'a qu'une vigueur médiocre. La taille se fera sur un bouton de devant, afin que le coude formé par la pousse soit moins apparent. Cette opération refoulera la sève vers la base, très portée à se dégarnir de rameaux. L'année précédente, on a dû couper, sur deux yeux, les rameaux qui avaient poussé en dessus et en dessous de la branche charpentière ; ces deux yeux se sont développés sur le tronçon qui les porte, et ont donné deux rameaux. Ce tronçon se nomme *branche coursonne*. Ici, il se présente deux cas : 1° si le rameau le plus rapproché du talon de la coursonne a des fleurs, il faut selon M. Hardy, le couper sur quatre ou cinq boutons à fleurs, s'il est en dessus, et sur deux, s'il est en dessous ; le dessus étant plus vigoureux peut nourrir plus de fruits. Ce rameau fournira, à la fois, le fruit, dans sa partie supérieure, et le rameau de remplacement par les deux yeux les plus rapprochés de la base. On enlève les bourgeons *inutiles* placés entre le fruit et les deux yeux de remplacement.

2° Si le rameau le plus rapproché du talon de la coursonne n'a pas de fleurs, et que l'autre en porte, il faut tailler le premier (le plus rapproché de la base) sur deux yeux, pour fournir le rameau de remplacement, et l'autre sur quatre ou cinq boutons à fleurs, s'il est en dessus, et sur deux ou trois, s'il est en dessous. Ce dernier donnera le fruit. C'est ce qu'on appelle la taille *en crochet*, par laquelle on coupe, sur la même coursonne, un rameau court, pour le remplacement, et l'autre long, pour le fruit. — Si le rameau le plus éloigné du talon de la coursonne n'avaient pas de fleurs, ou si les fruits ne *nouaient* pas, on devrait rabattre la coursonne près des rameaux de remplacement. Il faut avoir soin de ne pas laisser allonger la coursonne; on la raccourcit toutes les fois qu'une pousse, venue plus près de la branche charpentière, peut servir de rameau de remplacement. — Quand l'arbre est jeune, si on ne pince pas, sur trois feuilles, les faux bourgeons, on se trouve avoir, l'année suivante, des coursonnes très-allongées, car les faux bourgeons n'ont pas d'yeux à leur base; il faut éviter cela absolument. — On laisse deux yeux pour le remplacement, afin d'absorber la sève, et pour avoir toujours un rameau, en cas d'accident.

CHAPITRE VIII

SOINS A DONNER AUX RAMEAUX DE REMPLACEMENT

APRÈS LA TAILLE

Quelques jours après la taille du printemps, les deux yeux de remplacement commencent à pousser, et il peut arriver ou qu'ils poussent trop ou trop peu. Dans le premier cas, c'est-à-dire si le rameau le plus rapproché du talon menaçait de devenir beaucoup plus gros qu'un tuyau de plume, il faudrait le palisser serré et de bonne heure, l'incliner sur la branche charpentière, et pincer son extrémité, quand il aurait 20 cent. de longueur. On pincerait plus tard l'autre bourgeon, qui, alors, attirerait la sève de son côté et laisserait le premier dans un état d'infériorité. Il pourrait même arriver qu'un bourgeon fût tellement vigoureux qu'on ne pût pas le maîtriser par ces moyens. Dans ce cas, on le coupe sur deux yeux de la base; il poussera alors deux nouveaux rameaux qui seront plus faibles que le précédent, et fourniront une meilleure branche à fruit. On pourrait encore lui appliquer une torsion à rompre plusieurs fibres. Cette opération le jetterait momentanément dans un état maladif et arrêterait sa vigueur. On pourrait aussi lui pratiquer un cran en dessous, que l'on couvre de cire ou d'un mastic quelconque, pour éviter un épanchement de gomme.

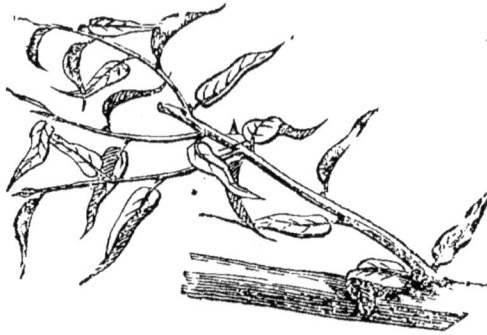

Rameau de pêcher pincé à 20 ou 25 centimètres et portant 3 bourgeons anticipés à son extrémité. Pendant l'été, il est rabattu en A, sur le faux bourgeon le plus rapproché de la base. On opère ainsi sur tous les rameaux qui donnent de faux bourgeons.

Dans le second cas, c'est-à-dire si les yeux de remplacement ne partent pas ou poussent trop faiblement (ce qui arrive surtout quand le même rameau est chargé de fournir le fruit et le remplacement), il faut pincer sévèrement les bourgeons qui accompagnent les fruits, enlever tous les bourgeons intermédiaires. Si ces moyens ne suffisent pas, on doit sacrifier le fruit en tout ou en partie, et rabattre la branche sur les deux yeux de remplacement ou la couper au milieu. Il faut obtenir à tout prix ce rameau de remplacement, sans lequel il se ferait un vide sur la branche charpentière.

Si les rameaux poussent modérément, on doit pincer ceux de dessus, quand ils sont longs, de 20 à 30 centimètres ; ceux de dessous ne se pincent que quand ils menacent d'être trop forts, ou qu'ils arrivent à une longueur de 35 cent. Sur les jeunes arbres vigoureux, il est utile, selon M. Hardy, de faire un premier pincement quand le rameau a de 6 à 8 cent., afin de retarder de bonne heure la force de sa végétation. On palisse plus tôt les bourgeons vigoureux et plus tard les plus faibles. Par ces divers procédés, on parviendra à réaliser la règle générale, que l'on peut formuler ainsi : *Il faut traiter le rameau de remplacement de manière à ce qu'il ne soit pas plus gros qu'un tuyau de plume, qu'il ait à sa base des yeux bien formés, mais pas assez forts pour s'échapper en faux bourgeons.*

Rameau terminal de pêcher dont la plupart des yeux sont partis en bourgeons anticipés. Les deux premiers bourgeons n'ont pas été pincés assez tôt. Ils n'ont des yeux qu'à la 1re paire de feuilles, en B et C, ce qui fera, pour l'année suivante, une coursonne très-allongée. Pour éviter ce défaut on doit les pincer aussitôt que la 2e paire de feuilles est développée, comme ceux des nos 1, 2, 3. — S'il ne reste pas un œil convenable pour la taille du printemps suivant, le moyen le plus simple est de placer, au mois d'août, une greffe en écusson qui fournira le rameau de prolongement.

Quand les rameaux ont poussé de 20 à 30 cent., les yeux du sommet partent en faux bourgeons, il faut alors les rabattre sur le faux bourgeon le plus rapproché de la base. — Il arrive souvent, surtout sur les jeunes arbres, que tous les boutons du rameau terminal se mettent à pousser, et ils n'ont jamais d'yeux à leur base. On doit les pincer soigneusement aussitôt que la seconde paire de feuilles a paru, afin de faire développer des yeux près du talon, sans quoi on aurait, l'année suivante, une coursonne très-longue, ce qu'il faut éviter absolument. Si, sur ce même rameau terminal il ne reste aucun œil pour asseoir la taille de prolongement de la branche de charpente, on peut choisir une pousse placée sur le devant, la plier de bonne heure, afin de lui donner la forme convenable pour continuer la branche de charpente. On pourrait aussi, au mois d'août, placer une greffe en écusson à l'endroit où l'on devra tailler, au printemps suivant. Cette greffe fournira le rameau de prolongement.

S'il se fait quelque vide sur la branche de charpente, on y remédie par le moyen de la greffe *par approche herbacée*. Cette greffe se pratique en juin, juillet et août, et a un résultat immanquable.

Voilà les soins qu'il faut donner, pendant la végétation, aux rameaux de remplacement. L'année suivante, au printemps, on recommence la même série d'opérations. Si l'on emploie la taille en crochet, on coupe sur deux yeux le rameau le plus rapproché du talon de la coursonne, et l'autre sur quatre, cinq ou six boutons à fleurs. Les deux yeux du premier donneront les deux rameaux de remplacement pour l'année suivante, et l'autre fournira le fruit. La taille en crochet est plus avantageuse sur les arbres très-vigoureux, parce qu'elle laisse plus d'issues à la sève, qu'on peut alors maîtriser plus facilement. De plus, les rameaux de remplacement n'étant pas gênés par les fruits, auront une plus belle végétation.

Si on avait négligé un arbre depuis longtemps, il ne faudrait pas lui abattre tout son bois inutile le même jour, car on intercepterait à la fois trop d'issues à la sève, et le pêcher pourrait prendre la maladie de la gomme.

Les autres arbres à fruits à noyau que l'on cultive dans les jardins, tels que l'abricotier, le prunier, le cerisier, se taillent d'après les mêmes principes que le pêché ; mais la conduite en est plus facile, parce que ces arbres, surtout l'abricotier, donnent aisément des pousses sur le vieux bois. Ceux qui sauront tailler le pêcher, réussiront donc infailliblement dans la taille des arbres dont je viens de parler.

Au reste, l'abricotier donne de meilleurs fruits en plein vent qu'en espalier, contrairement à ce qui se passe pour tous les autres arbres fruitiers. Il importe donc peu de l'avoir en espalier à moins que ce ne soit pour le protéger plus facilement contre le froid.

CHAPITRE IX

NOTIONS ET REMARQUES SUR QUELQUES GREFFES

De la Greffe par approche

Nous ferons remarquer que cette greffe est très-utile pour remplacer une branche qui manque ; on peut la pratiquer pendant tout le temps de la végétation. A l'endroit où l'on veut établir une branche, on fait une entaille de 3 à 4 cent. de long, en forme de V, et un peu moins large que le diamètre du rameau que l'on veut y placer. On prend une pousse voisine, que l'on plie sur l'entaille pour marquer le point où elle doit être entaillée elle-même ; on enlève l'écorce de chaque côté en forme de coin, sur toute la partie qui doit être insérée dans l'entaille de la branche ; on fait bien coïncider les écorces, et on fixe ensemble les deux parties avec un fil de laine, ou plus simplement avec un jonc. On laisse le rameau entier. Il faut attendre l'année suivante pour le sevrer, c'est-à-dire pour le séparer de la branche qui le porte. Il est prudent de ne le sevrer que peu à peu. On n'en coupe d'abord que le tiers, plus tard, les trois quarts, et quelque temps après, on complète la séparation. Si le rameau qui sert de greffe est placé du côté du mur et que la courbe ne choque point la vue, il n'est pas nécessaire de le sevrer. — Quand on veut greffer deux rameaux de même grosseur, comme deux branches de vigne, il suffit d'enlever l'écorce à plat sur chacun d'eux et de fixer les deux plaies égales en longueur et en largeur l'une contre l'autre, par le moyen d'une ligature.

GREFFE PAR APPROCHE.

Si l'on veut avoir une branche au point I, on courbe un rameau voisin en faisant les entailles indiquées par le texte. On fixe le rameau avec un fil de laine, et on couvre la plaie avec de la cire.

De la Greffe par approche en bourgeons herbacés

Cette greffe sert surtout à remplacer les vides sur les branches charpentières. On peut opérer aussitôt que les pousses sont assez fermes pour ne pas se rompre aisément. On peut la pratiquer comme la précédente, ou mieux de la manière suivante: Au point où l'on veut l'établir, on fait une entaille comme pour la greffe en écusson, avec cette différence qu'ici on enlève l'écorce dans le bas comme dans le haut, en sorte qu'elle s'ouvre comme les deux battants d'une porte. Le rameau voisin qui doit être inséré, est taillé à plat, presque jusqu'à moitié bois et couché sous les deux lèvres de l'entaille, où il est fixé par une ligature. On doit laisser au-dessus de la greffe, au rameau inséré, deux yeux d'appel. Si on le peut commodément, on laisse aussi un œil au milieu de la ligature, comme dans la greffe en écusson ; dans le cas contraire, un des yeux d'appel fournira le rameau que l'on désire avoir.

Pour toutes ces greffes, il est toujours très-avantageux et plus sûr de couvrir la plaie avec un mastic quelconque, pour empêcher que la pluie n'y pénètre, ou que l'air ne la dessèche avant la reprise.

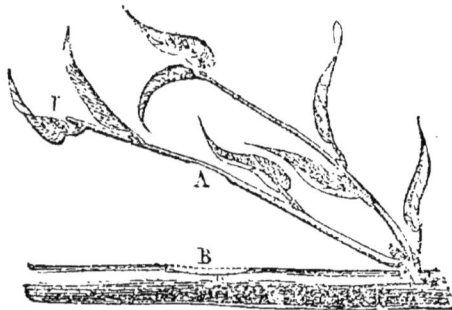

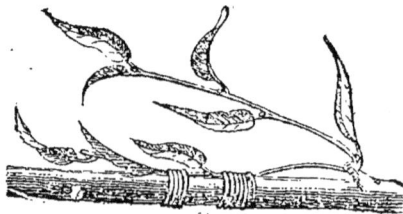

Ces deux figures indiquent une greffe par approche en bourgeon herbacé appliquée au pêcher. On voit en A l'entaille du rameau et en B celle de l'écorce sous laquelle le rameau sera courbé et fixé avec un fil de laine.

Remarque sur la Greffe en écusson

Tous les jardiniers savent greffer en écusson, mais plusieurs croient qu'on ne peut opérer que lorsqu'une sève très-abondante permet d'enlever l'écorce sans aucune trace de bois sous l'œil de l'écusson; c'est une erreur; cette erreur nous empêcherait de greffer toutes les fois que le rameau sur lequel on doit prendre les écussons ne serait pas en pleine sève, ou que les greffes, envoyées de loin, se seraient un peu desséchées en route. On peut enlever, avec le greffoir, l'écusson garni de tout le bois qui sera adhérent à l'écorce; pourvu que le sujet où l'on place l'écusson soit bien en sève; on réussira presque aussi souvent que d'après l'autre méthode qui est très-bonne assurément, quand on peut l'appliquer. Ainsi donc, on peut enlever l'œil avec son bois, sans s'occuper de la sève du rameau sur lequel on le prend; il suffit que le sujet soit bien en sève. Du reste, c'est de cette manière qu'il faut greffer les lambourdes, au mois d'août, pour avoir du fruit l'année suivante, ou au printemps, pour en avoir la même année; elle se pratique quand la première sève du printemps permet de soulever l'écorce du sujet. On l'applique avec succès à la base des gourmands.

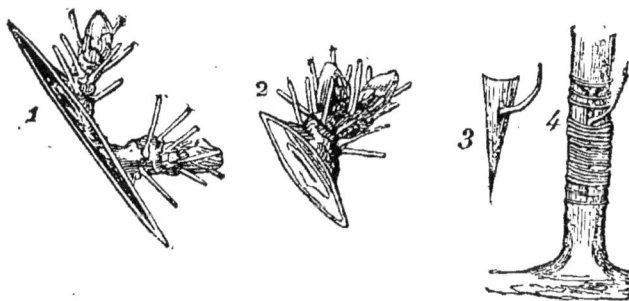

Les n⁰ˢ 1 et 2 représentent deux lambourdes à fruit qui sont enlevées avec le bois de leur empâtement. On creuse un peu ce bois en forme de tuile, afin qu'il s'adapte mieux sur le bois du sujet, et on fixe la lambourde avec un fil de laine, comme l'écusson ordinaire. Le n° 3 représente l'écusson après avoir été détaché. Si l'arbre sur lequel on le prend a beaucoup de sève, on enlève l'écusson sans bois. Dans le cas contraire, on enlève l'écusson, au moyen de la lame du greffoir, avec le bois adhérent sous l'œil, et on l'insère sous l'écorce. Le n° 4 représente un jeune arbre auquel on a appliqué un écusson inséré sous l'écorce et serré avec un fil de laine.

Remarque sur la Greffe en fente ou en couronne

Pour cette greffe on ne prend que du bois d'un an, et il est avantageux de couper les rameaux qui doivent fournir les greffes un mois à l'avance. On les fiche en terre, à l'ombre; l'état de privation où se trouve ces greffes les affame et leur donne une plus grande facilité pour prendre. Il faut toujours que le sujet ait autant ou plus de sève que le scion à greffer, s'il en avait moins, il ne pourrait pas nourrir le scion, qui alors se dessècherait.

Au lieu de la greffe en fente, on emploie la greffe en couronne sur les grosses branches : Après avoir scié et tout préparé comme pour la greffe en fente, on ne fend pas la branche, mais on soulève légèrement l'écorce avec un coin de bois, et l'on y introduit le rameau taillé en bec de plume. On peut en placer plusieurs tout autour en forme de couronne. On couvre le tout de mastic ou de terre grasse, comme pour la greffe en fente. On la pratique au printemps, quand la sève permet de détacher l'écorce. — On peut greffer en fente au printemps, en automne, et même en hiver, pourvu que le bois ne soit pas gelé.

Avis aux vignerons. — Les vignerons devraient prendre l'habitude de greffer leur mauvais ceps, au lieu de les arracher; ils y gagneraient beaucoup de temps, ils auraient du fruit assuré dès la 2e année. Ils peuvent employer la greffe en fente, comme étant la plus facile et la plus connue.

On la pratique en mars et en avril, de cette manière ; on
déchausse la souche, on la coupe un peu en terre, et on la
fend au milieu, en opérant comme sur un poirier. On prend
pour la greffe une portion de sarment portant deux yeux. On
le taille en forme de lame de couteau, mais d'un côté on n'enlève que l'écorce, tandis que de l'autre, on retranche un peu
de bois. Si on entaillait autant d'un côté que de l'autre,
on arriverait de chaque côté à la moelle la greffe se partage-
rait en deux pièces et elle ne pourrait plus être employée.
Le scion ainsi préparé est placé dans la fente, de manière à
bien faire coïncider les écorces. Si la souche est grosse, on
peut y placer deux greffes. On couvre la fente avec de la
terre grasse que l'on y maintient à l'aide d'un chiffon ou
d'un peu de mousse et d'un lien quelconque. On ramène la
terre autour de la souche, et on ne laisse dehors que les deux
yeux de la greffe. Outre l'avantage d'épargner du temps et de
donner plus tôt, la greffe a encore celui d'améliorer le fruit ;
car toute greffe améliore le fruit. Si l'on greffait un arbre avec
son propre bois, il donnerait après de meilleurs fruits qu'avant.
Il sera prudent de tailler avec le sécateur les ceps nouvellement greffés ; une secousse violente peut les dessouder.

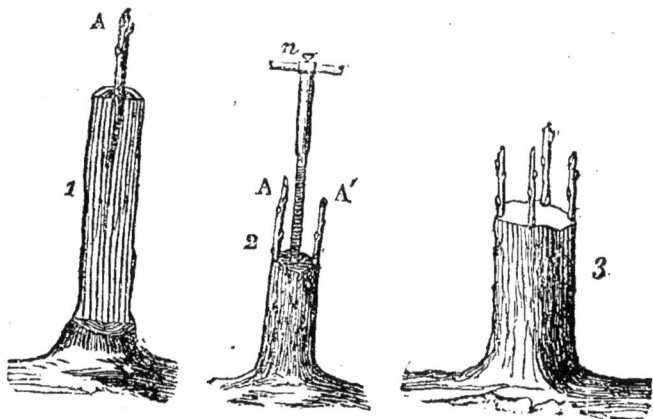

Le n° 1 représente une greffe en fente vue de côté. Le scion A est taillé en forme de lame de couteau, et il est placé dans la fente du sujet de manière que les écorces coïncident parfaitement. Toute l'entaille est couverte de cire à greffer ou de terre grasse, et alors le tout est maintenu en place au moyen d'un chiffon ou avec de la mousse.

Le n° 2 représente une greffe en fente vue de face, et portant deux scions AA. Au milieu de la fente se trouve un coin de bois N, qui sert à ouvrir la fente afin d'y placer la greffe plus commodément.

Le n° 3 représente une greffe en couronne. Tous les scions, taillés en bec-de-plume, sont insérés entre l'écorce et le bois, que l'on sépare avec un coin quand la sève du printemps est assez abondante.

Greffe du Poirier sur franc et sur cognassier

La greffe sur franc est celle qui se place sur un poirier sauvage. Les arbres ainsi greffés sont beaucoup plus vigoureux, mais sont plus difficiles à mettre à fruit et donnent une qualité moins bonne. Le poirier greffé sur cognassier est moins vigoureux, plus fertile, et fournit des fruits plus succulens; il y a quelques espèces qu'on ne doit jamais greffer sur cognassier, parce que, alors, elles ne présentent qu'une végétation languissante et incapable de produire. (Beurré gris d'hiver, Saint-Germain, Crassane; quelques autres moins connues, Beurré Goubault, Jalousie de Fontenay, Bon-chrétien Napoléon, Bon-chrétien-William, Beurré de Rans, Bonne d'Ezée, etc., ne viennent très-bien que sur franc.) Si l'on veut mettre le poirier sous la forme oblique de Du Breuil, ou en petit, cordons horizontaux, comme ces arbres ne doivent pas prendre un grand développement, il faut, en général, planter des sujets greffés sur cognassier; leur vigueur sera moindre et on se rendra maître plus facilement de la sève. Le poirier se greffe aussi sur l'aubépine, mais il donne des arbres qui durent peu. On peut quelquefois les utiliser en les réservant pour les terrains maigres et pierreux, car l'aubépine pousse partout.

Après avoir considéré la greffe, on doit aussi examiner le terrain où les arbres seront plantés. Le cognassier ne pousse pas dans une terre sableuse, légère, maigre et sèche ; comme ses racines sont traçantes, elles rampent près de la superficie de la terre et sont trop exposées à la sécheresse. Il lui faut une terre un peu forte (argilo calcaire ou argilo-siliceuse), qui permette aux eaux de s'écouler. Le poirier franc ou sauvageon a une racine pivotante, qui s'enfonce profondément dans la terre ; si on a un terrain dans lequel se trouve, à une petite profondeur, un sous-sol imperméable où les racines ne puissent pas pénétrer, il ne faut pas planter des arbres greffés sur franc ; les racines se trouvant arrêtées par le sous-sol, ne prospéreraient pas. Dans ce cas, le cognassier réussira mieux. Pour les grandes formes, où l'arbre doit prendre beaucoup de développements, surtout si le terrain ne convient pas parfaitement au cognassier, prenez des arbres greffés sur franc ; ils auront une végétation plus forte. Un arbre vigoureux offre toujours plus de ressource que celui qui est faible ou qui végète médiocrement.

De la Greffe du Pommier sur franc, sur doucin, sur paradis

Le pommier se greffe sur trois sujets et acquiert ainsi trois degrés de force différente. Le pommier sur franc est le plus vigoureux ; il se met en plein vent, en contre-espalier et même en pyramide ; cependant, cette dernière forme lui convient moins qu'au poirier ; on a de la peine à le maintenir droit. Greffé sur doucin, il a une vigueur moyenne ; il formera des palmettes, des cordons doubles superposés, des cylindres, des vases élevés et même des pyramides. Greffé sur paradis (pommier nain), il donnera toutes les petites formes:

cordons simples le long des allées, petits vases, buissons, etc.

Si on a un terrain où les arbres poussent peu, il faut planter les espèces et les sujets les plus vigoureux, afin d'obtenir un résultat moyen. Dans un terrain très-propice, on aura de beaux résultats avec les espèces et les sujets moins vigoureux.

De la Greffe du Pêcher

Le pêcher se greffe sur lui-même, sur amandier et sur prunier. L'amandier a une racine pivotante; il demande un sol profond. La greffe sur prunier donne le pêcher le moins vigoureux, et qui convient mieux aux terrains humides. Si l'on plante des cordons à la Du Breuil dans un terrain extrêmement riche, on fera bien de prendre des pêchers greffés sur prunier. Sous une si petite forme, on aurait de la peine à maîtriser la vigueur du pêcher sur amandier. On réservera ce dernier pour les grandes formes ou pour les terres maigres, mais profondes. Greffé sur lui-même, il convient à toutes les formes, mais dure peu dans certains terrains.

CHAPITRE X

DE LA FORME A DONNER AUX ARBRES DE JARDIN

On peut donner aux arbres de jardin un grand nombre de formes plus ou moins élégantes, plus ou moins faciles. Toutefois, quelle que soit la forme qu'on adopte, il ne faut pas oublier que tout arbre de jardin ne se compose que de deux choses : 1° des grosses branches qui forment la charpente de l'arbre, 2° des petits rameaux à fruit qui garnissent les grosses branches dans toute leur longueur. Les branches charpentières, toujours disposées avec symétrie, sont tenues droites comme un bâton, n'ayant que les courbes exigées par la forme adoptée ; elles doivent être assez espacées entre elles pour laisser la place nécessaire aux rameaux à fruit et pour que l'air et la lumière pénètrent largement partout. Quant aux productions fruitières, elle sont tenues très-courtes et ne dépassent guère une longueur de 10 à 12 centimètres après la taille.

Voici quelques-unes des formes que l'on doit préférer, parce qu'elles sont les plus faciles à établir et qu'elles réunissent tous les avantages des autres, sans avoir la plupart de leurs inconvénients.

Nous les diviserons en deux séries : 1° *grandes formes,* 2° *petites formes :*

1re SÉRIE

GRANDES FORMES POUR ESPALIERS ET CONTRE-ESPALIERS

Palmette horizontale

Cette palmette qui convient à tous les arbres s'établit contre les murs et forme alors des espaliers, ou bien en plein air, contre un treillage quelconque, le long des carrés d'un jardin, et alors elle prend le nom de contre-espalier. On peut aussi la dresser aux angles des carrés et lui donner la forme d'une équerre. Le pommier vient mieux en plein air, en contre-espalier, que contre un mur. Le pêcher, au contraire, réussit moins bien en contre-espalier ; il est trop exposé au froid. Le poirier vient, en général, également bien en espalier et en contre-espalier. Il y a cependant quelques espèces, le Beurré gris d'hiver, le Saint-Germain, la Bergamotte-Crassane, etc., qui ne donnent des fruits succulents que contre un mur ; en plein air, leurs fruits sont graveleux.

Cette palmette spécialement recommandée par M. Hardy et par presque tous les arboriculteurs, est facile à former, donne promptement et avec abondance ; les grosses branches, au nombre de 4, de 6, de 8, de 10 et même de 12, étant également inclinées et dans les mêmes conditions respectives de force et de longueur, attirent également la sève et sont facilement maintenues dans un équilibre parfait. Quand on en sait tailler une, on sait tailler tout l'arbre.

Elle se compose d'une tige-mère verticale, de laquelle naissent à droite et à gauche, 3, 4, 5 et quelquefois 6 paires de branches charpentières, inclinées presque horizontalement et couvertes, dans toute leur longueur, de productions fruitières. Les deux branches les plus rapprochées du sol en sont à une distance de 25 centimètres ; au-dessus d'elles sont placées les autres paires, qui forment les étages supérieurs, espacées aussi des premières et entre elles, de 25 cent., pour le poirier et le pommier, et de 50 cent., pour le pêcher. Si les arbres sont très-vigoureux, il faut donner aux branches charpentières une longueur de 3 mètres de chaque côté. Ils seront donc plantés à une distance de 5 à 6 mètres les uns des autres. On peut utiliser l'espace vide qui se trouve entre les arbres pendant les premières années, en y plantant des pommiers nains que l'on enlèvera quand il seront atteints par les branches de la palmette. — Contrairement à ce que disent quelques auteurs, l'expérience a prouvé qu'il est utile de laisser subsister la pointe de la branche-mère, même quand l'arbre est entièrement formé. Cette tige est destinée à absorber la sève excédante, surtout pendant les années où le fruit manque, par un accident de saison. Elle facilite aussi la circulation de la sève dans toute la charpente. Tous les ans on la rabat sur deux ou trois yeux, et quand l'arbre a des fruits, on la pince pour ne pas lui laisser dépenser la sève inutilement.

Quand on veut former une palmette avec un arbre greffé depuis un an sur place, on choisit à une distance de 20 à 25 cent. du sol, trois yeux rapprochés, deux latéraux (un de chaque côté) pour former les deux premières branches charpentières, et le troisième, sur le devant et un peu plus haut que les deux autres, pour continuer la tige-mère. On coupe la pousse près de ce dernier œil. Ces trois yeux donnent trois rameaux ; les deux latéraux seront palissés dans une position presque verticale de chaque côté de celui de la tige-mère qui sera bien vertical.

Cette greffe d'un an est taillée sur trois yeux, deux latéraux AB, pour former les deux premières branches charpentières, et un devant ou derrière, et un peu plus haut, D, pour continuer la tige-mère.

Les premières branches charpentières sont tenues d'abord presque verticales et on ne les incline que graduellement, un peu chaque année, parce que cette position les fait pousser avec plus de force. Le rameau du milieu étant le plus favorisé par sa position, végétera avec vigueur ; il sera pincé plusieurs fois quand il aura environ 30 cent., afin que la sève se porte sur les branches de côté. Une observation sur laquelle on ne saurait trop insister, c'est qu'il est nécessaire de fortifier par tous les moyens possibles les deux premières branches latérales, avant d'établir les autres étages ; si l'une d'elles est plus faible que l'autre, il faut lui pratiquer une entaille en dessus, le

tenir plus verticale, l'éloigner du mur, ne pas la palisser. Si
par ces moyens elle n'atteint pas la force de l'autre la première année, au printemps suivant on la taillera plus longue
que sa rivale, afin d'attirer plus de sève de son côté ; pendant
toute la saison on continuera de lui donner des soins, jusqu'à
ce qu'elle ait acquis la même force que l'autre.

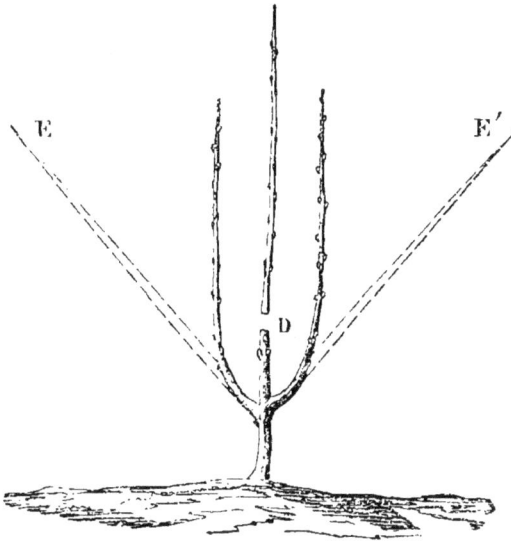

Au deuxième printemps, les trois yeux de l'arbre précédent ont donné
les trois rameaux ci-dessus. Les deux latéraux sont laissés le plus
souvent dans toute leur longueur. On les inclinera en E et E' pour faire
place au deuxième étage. La tige-mère sera coupée en D sur trois yeux,
un de chaque côté et un devant ou derrière, et un peu plus haut, à
25 centimètres au-dessus des deux premières branches. Ces trois yeux
donneront le résultat de la figure suivante.

Mais si les deux branches sont égales, au deuxième printemps, on les taillera longues, en ne leur enlevant que le tiers

de leur longueur. Mais, dira quelqu'un, si on ne les taillait pas du tout, elles auraient bien plus tôt formé la charpente. — Si on ne les taillait pas, toute la sève se porterait à l'extrémité et abandonnerait les yeux du bas, qui sont destinés à former des productions fruitières; ces yeux s'éteindraient et il se ferait un vide sur la branche, ce qu'il faut éviter. (1) Une taille longue refoulera assez de sève vers le bas pour faire partir ces yeux, et la branche restera encose assez allongée pour former promptement la charpente. Si ces yeux hésitent à partir, pratiquez leur un cran en dessus. — On coupera ces deux branches charpentières sur un œil de devant, si cela est possible, afin que le coude formé par la nouvelle pousse soit moins apparent, et jamais sur un œil en dessus. Dans ce cas, le bourgeon donnerait une pousse verticale, formant un coude très prononcé, et aussi désagréable à la vue que nuisible à la libre circulation de la sève. — Quant au rameau de la tige-mère, il sera coupé à une distance d'environ 25 cent. au dessus de deux premières branches charpentières, sur trois yeux, deux latéraux (un de chaque côté), pour former la deuxième paire de branches charpentières et un sur le devant et un peu plus haut, pour continuer la tige-mère. Ces trois yeux

---

(1) Ce principe n'est de rigueur que pour le pêcher.

REMARQUE IMPORTANTE. — Pour le poirier et le pommier, le plus souvent il n'est pas nécessaire de tailler l'extrémité des bras, les deux premières années de leur formation. On les laisse en leur entier. Il a double avantage : d'abord, un œil terminal attire plus la sève qu'un œil de côté; la branche s'allongera donc plus vite; ensuite, la sève trouvant des canaux directs, qu'aucune taille n'a brisés, se portera plus volontiers dans ces branches, qui sont les moins favorisées par leur position. Si l'on craint que les yeux de la base ne s'éteignent, on leur pratiquera un cran, ou bien on les inclinera très-obliquement. Le principe de tailler toujours au moins au tiers de la dernière pousse l'extrémité de toutes les branches charpentières doit être toujours appliqué au pêcher; car si les yeux de la base ne partent pas, la première année, ils sont éteints l'année suivante.

donn ront trois rameaux que l'on traitera comme ceux de l'année précédente. On inclinera un peu plus les deux premières branches, afin de laisser la place libre pour les deux qui vont pousser. C'est ainsi qu'on les inclinera peu à peu tous les ans, pour faire place aux étages supérieurs. Les rameaux qui pousseront sur toute la longueur des deux premières branches charpentières seront pincés et traités comme il a été dit au chapitre de la mise à fruit.

Au troisième printemps, on aura 4 branches charpentières. Aux deux plus anciennes, on coupera le tiers de la deuxième pousse. On veillera à ce que tous les yeux se développent, pour former des productions fruitières. On les inclinera, ainsi que la deuxième paire, pour faire place au troisième étage, que l'on établira comme le second, en taillant la tige-mère sur trois yeux à une distance de 25 cent. au dessus du deuxième étage. Quant aux deux branches qui forment le deuxième étage, et qui n'ont qu'un an, on les taillera au tiers de leur longueur, toujours sur un œil de devant; on continuera ainsi, les printemps suivants, à couper au tiers de la dernière pousse les branches âgées de plus d'un an, et au tiers de leur longueur celles qui n'ont qu'un an.

On élèvera de cette manière un étage chaque année. Qu'on n'oublie pas surtout qu'il faut rendre très-fortes les branches inférieures avant d'établir les supérieures, sinon il arrivera infailliblement que la sève, suivant sa tendance naturelle, abandonnera le bas pour se porter dans le haut ; les branches inférieures deviendront faibles et périront, tandis que la partie supérieure poussera des gourmands avec une vigueur qu'on ne pourra pas modérer. On sera alors forcé de rabattre tout le haut de l'arbre pour arrêter la sève; on perdra ainsi beaucoup de temps et on fera à l'arbre des mutilations fâcheuses.

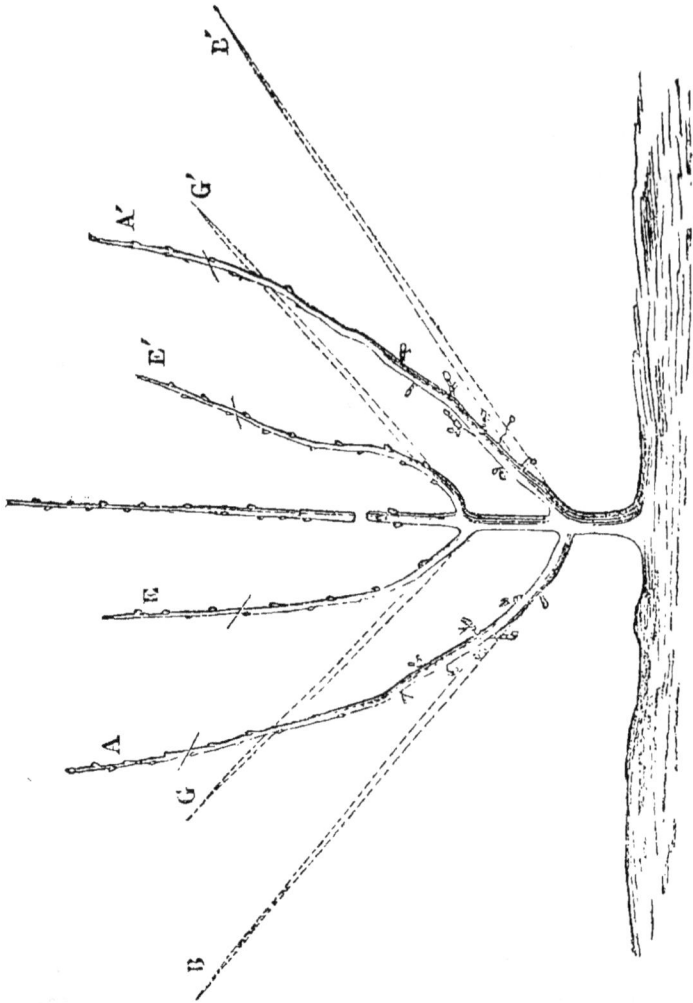

PALMETTE A LA 3ᶜ TAILLE

La troisième taille se fera, comme les deux précédentes, sur trois
yeux pour former le troisième étage. Les deux premières branches A, A'
seront taillées au tiers de la dernière pousse, et baissées en B, B'. — **Les**

productions fruitières qui ont poussé dans le bas ont dû être pincées à
10 ou 12 centimètres pendant l'été. Les deux autres branches seront
taillées au tiers de leur longueur E,E'. Elles seront baissées en G,G',
afin de laisser la place libre pour celles qui vont pousser. C'est ainsi
qu'on procède tous les ans, jusqu'à l'entière formation de la palmette.

REMARQUE : Nous supposons ici que l'arbre a une végétation vigoureuse ; s'il arrivait qu'il fut faible, pour n'importe
quelle cause, au lieu de le tailler long il faut le tailler court
et lui enlever la moitié ou les deux tiers de la dernière pousse,
comme nous l'avons dit au chapitre de la formation des arbres, en parlant de ceux qui sont faibles. En général, plus un
arbre est vigoureux, plus on taille long ; si on taillait court,
la sève trop concentrée se porterait avec force sur les boutons
à fleurs et les ferait partir à bois.

Cette palmette au lieu d'être simple peut être double, c'est-
à-dire avoir deux branches-mères, qui s'élèvent verticalement
à une distance de 20 cent. l'une de l'autre. De chacune d'elles
naissent les branches charpentières égales en nombre et en
force de chaque côté, et distancées régulièrement, comme
dans la palmette simple. On l'appelle palmette en U, parce que
les deux branches-mères, en se séparant du tronc, décrivent
une courbe qui a la forme de cette lettre.

En général, il vaut mieux qu'un arbre en contre-espalier
se développe en largeur qu'en hauteur ; car, alors son ombre
est moins nuisible aux carrés.

On conserve le prolongement de la tige-mère et il sert
à régulariser la sève. On laisse pousser ce rameau, si l'arbre
n'a pas assez de fruits, afin de laisser une issue à la sève. On
le taillera très-court, et on le pincera quand on voudra faire
passer la sève dans les branches latérales.

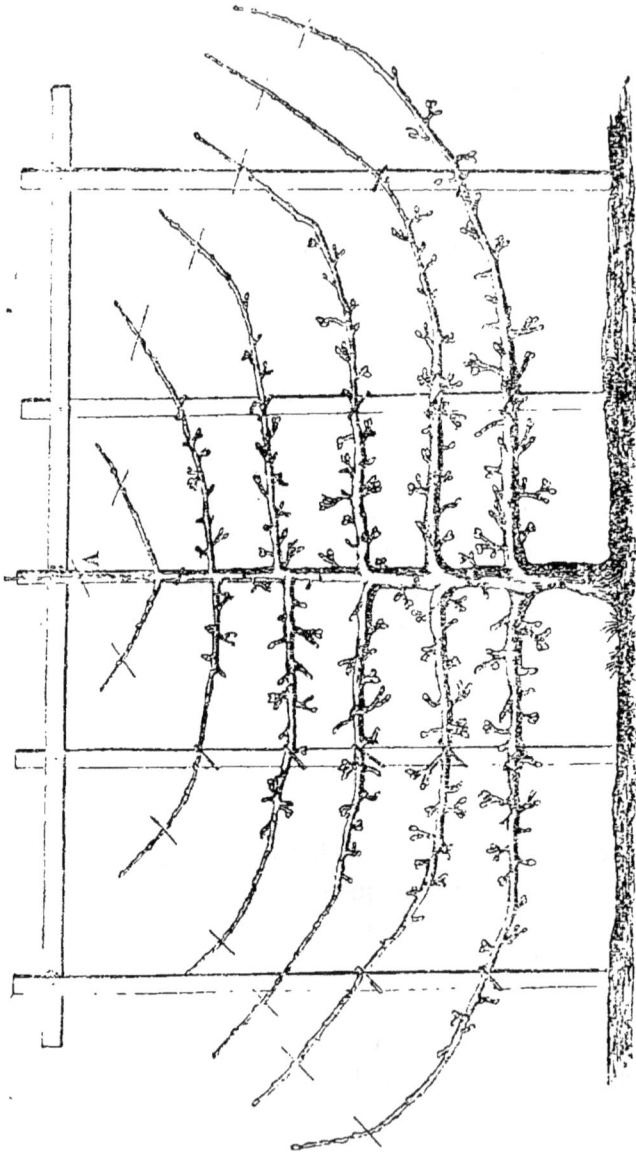

PALMETTE SIMPLE HORIZONTALE

Poirier ou Pommier en contre-espalier le long des allées

Cette palmette se compose d'une tige-mère verticale A, de laquelle naissent, à droite et à gauche, un certain nombre de paires de branches charpentières, en rapport avec la vigueur de l'arbre. Ces branches ont, ordinairement, une longueur de 2 à 3 mètres. Elles sont égales en force et en longueur de chaque côté. Les plus inférieures sont les plus fortes, et elles vont en diminuant de force et de longueur jusqu'au sommet. Elles sont espacées régulièrement et placées de 25 à 30 centimètres les unes des autres. Elles sont couvertes de productions fruitières qui ne dépassent pas 10 ou 12 centimètres, après la taille. Elle sont toujours terminées par une jeune pousse, et c'est sur un œil de cette pousse, placé devant ou dessous, que se pratique la taille du printemps, comme l'indique la figure.

Pour maintenir facilement l'équilibre de la sève dans cette palmette, il faudra, pendant les premières années, que les branches supérieures soient plus courtes que les inférieures ; car si la sève est trop attirée dans le haut, elle abandonnera les branches du bas. Quand les branches inférieures seront bien fortifiées, on pourra, sans inconvénient, laisser allonger les autres. Cette forme convient parfaitement pour les contre-espaliers.

Palmette verticale ou en forme de candélabre

Cette forme est spécialement recommandée par M. Du Breuil. La raison pour laquelle il la préfère c'est que sous cette forme les branches inférieures qui sont les moins favorisées par leur position, se trouvent être toujours les plus longues ; elles attirent une grande quantité de sève, qui les maintient fortes. Au contraire, celles du sommet qui sont les plus favorisées, sont aussi les plus courtes ; il en résulte qu'il est facile de maintenir l'arbre dans un parfait équilibre.

Cette forme gracieuse, productive, convient surtout aux espèces moins vigoureuses et aux terrains moins riches. La position verticale de ses branches leur donne plus de vigueur ; ces branches inclinées d'abord horizontalement se relèvent verticalement par un coude adouci, en conservant entre elles,

dans toute leur longueur, une distance de 25 cent. Elles res-
semblent aux branches d'un candélabre. Cette palmette se
place avantageusement contre un mur élevé, qu'elle peut couvrir jusqu'à un grande hauteur ; elle s'établit aussi en contre-
espalier, en s'appuyant sur autant de perches qu'elle a de
branches de charpente.

Si l'on veut former une palmette en candélabre avec un
poirier greffé depuis un an, on procède absolument comme
pour la palmette décrite plus haut. La pousse de la greffe
sera coupée à 25 cent. du sol, sur trois yeux, deux latéraux
pour former les deux premières branches de charpente, et un
devant et un peu plus haut, pour continuer la tige-mère. On
laissera pousser librement les trois rameaux qui viendront de
ces trois yeux, en maintenant entre eux un juste équilibre.

Au deuxième printemps, on ne doit pas ordinairement établir la seconde paire de branches : il faut laisser aux deux
premières le temps de se fortifier. On taillera donc sur un œil
de devant la tige-mère, de 10 à 12 cent. au-dessus des deux
premières branches, qui seront elles-mêmes laissées en
leur entier. On les inclinera très-peu, afin qu'elles puissent acquérir une grande force avant d'être fixées à la place
qui leur est destinée.

Au troisième printemps, la tige-mère sera coupée à 25 cent.
au-dessus des deux premières branches, sur trois yeux, comme
plus haut, pour former le second étage ; on retranchera le
tiers de la dernière pousse des deux branches latérales. Il
faudra aussi songer à les fixer à la place qu'elles doivent occuper, afin de laisser un espace libre pour celles qui vont
pousser. On les inclinera donc presque horizontalement et on
calculera le point où elles devront se redresser, d'après le
nombre de branches que l'on veut donner au candélabre. Par

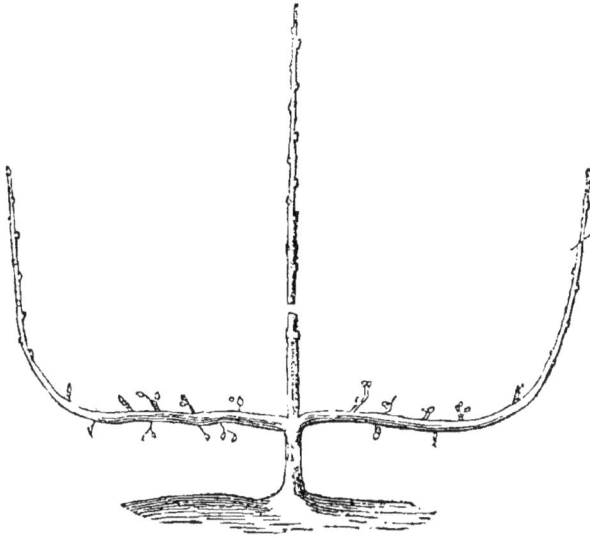

PALMETTE EN CANDÉLABRE A SA 3ᵉ ANNÉE

La palmette en candélabre se forme exactement comme la palmette horizontale. Les deux premières années, les bras seront laissés en leur entier, et ils ne seront fixés à la place qu'ils doivent occuper, qu'au commencement de la troisième année. En attendant, la tige-mère sera taillée courte, et pincée souvent. Au troisième printemps, on la taillera sur trois yeux pour fournir le deuxième étage, comme le montre la figure.

exemple, si je veux établir quatre branches charpentières de chaque côté, je dis : de la tige-mère à la première branche de charpente, il faut un espace de 25 cent ; de la première branche à la deuxième, 25 cent.; de la deuxième à la troisième, 25 cent ; de la troisième à la quatrième, encore 25 cent. Or, 4 fois 25 donnent 100 cent. ou 1 mètre entre la tige-mère et la branche la plus éloignée. Les deux premières branches que l'on établira sur le jeune arbre devront donc se redresser à la distance de 1 mètre. Si au lieu de 4 branches on n'en veut que 3, la distance de la tige-mère jusqu'à la première branche sera de 3 fois 25 cent., ou 75 cent., point où devra se redresser l'étage le plus inférieur. Pour le pêcher la distance entre les branches doit être de 50 cent., afin qu'on puisse palisser sans confusion les rameaux de remplacement. Pour un pêcher à 4 branches, on ne redressera les deux premières qu'à la distance de 2 mètres de la tige-mère, et pour un pêcher à 3 branches, à la distance de 1 mètre 50 cent.

Au quatrième printemps, on taillera la tige-mère sur trois yeux pour avoir le troisième étage ; les branches seront taillées au tiers de la dernière pousse. Si les branches du deuxième étage sont assez longues et assez fortes, on les fixera à leur place et on les redressera à 25 cent. des deux premières dans toute leur longueur. On continuera ainsi tous les ans à établir les étages qui manquent. En 4, 5 ou 6 ans, on aura un arbre très-élégant et très-productif.

On peut facilement mettre sous cette forme la palmette horizontale, quand elle manque de vigueur : la position verticale que prendront alors ses branches leur donnera une nouvelle force.

REMARQUE. En général une branche verticale doit être taillée plus courte qu'une branche inclinée. Dans cette position la sève se porte avec plus de force aux extrémités et abandonne le bas qui se dégarnit. Au lieu de couper les branches verticales au tiers de la dernière pousse, il en faudra souvent retrancher la moitié ou plus, pour faire partir les yeux du bas.

Cette palmette, comme la précédente, peut avoir deux tiges-mères et prendre la forme en U.

Taille exécutée

Taille indiquée

PALMETTE SIMPLE VERTICALE EN FORME DE CANDÉLABRE

Dans la palmette du modèle ci-dessus, qui est la plus commune, la tige-mère n'est pas bifurquée. La sève se portera avec force sur cette tige ; pour la modérer, il faudra ordinairement tailler court cette branche et pincer sévèrement ses bourgeons. Les autres branches seront tenues de plus en plus longues, à mesure qu'elles s'éloigneront davantage du centre, comme l'indique la figure, afin de contrebalancer ainsi l'avantage qu'ont celles du milieu de recevoir plus directement la sève de la tige-mère. On taille toujours sur un œil placé devant, afin de dissimuler le coude que forme toujours une pousse venue sur le côté d'un rameau.

Les hommes les plus compétents en cette matière, tels que MM. Hardy, Jamin, Georges, consultés récemment, conseillent d'élever toujours cette palmette avec un nombre impair de branches et sans bifurquer la tige-mère. Cette tige sert comme de régulateur à la sève. Quand l'arbre a peu ou point de fruits, ou qu'il est trop vigoureux, on laisse pousser en gourmand le rameau de la tige-mère, et alors la sève excédante se dépense par là. Au contraire, on le taille très-court et on le pince sévèrement si on veut faire déverser la sève sur les côtés.

DE LA PYRAMIDE

Les pyramides se placent très-bien aux angles des carrés d'un jardin, ou en ligne, le long des allées à 3 mètres de distance les unes des autres, et à 1 mètre au moins de l'allée. Elles peuvent atteindre une hauteur de plus de 6 mètres, sont agréables à la vue, et donnent beaucoup de fruits. Cette forme convient surtout au poirier. Il y a cependant quelques espèces (Bon chrétien de Rans, Beurré d'Amanlis, Bezi de Chaumontel, Beurré-Diel ou magnifique etc) qui se prêtent peu à cette forme, parce qu'elles ont un bois trop divergent ; leurs pousses se déjettent et ne gardent aucune symétrie. La Crassane, le Saint-Germain, le Beurré gris, l'Orpheline

d'Enghien etc. ne donnant en plein air que des fruits graveleux, ne peuvent pas former des pyramides. Mais les espèces suivantes : beurré d'Aremberg, beurré Hardy, duchesse
d'Angoulème, suzette de Bavay, délices d'Hardempont, passe-
Colmar, bergamote Espéren, baronne de Mello, beurré Clairgeau, poire-curé etc. viennent très-bien sous la forme pyramidale. L'abricotier, le prunier, le cerisier s'accommodent
aussi de cette forme. Nous avons déjà dit que le pommier
prospère mieux en contre-espalier.

Une pyramide se compose d'une tige-mère verticale, de
laquelle naissent de tous côtés des branches charpentières,
qui vont en diminuant de longueur depuis la base jusqu'au
sommet. Une pyramide formée doit avoir en largeur, à sa
base, le tiers de sa hauteur pour une hauteur de 6 mètres,
il faudra un diamètre de 2 mètres dans le bas. Les branches
charpentières doivent naître à une distance de 25 à 30 cent.
les unes au-dessus des autres et être disposées sans confusion, sans bifurcation, sans vide désagréable. Autant que
possible, elles alternent entre elles, de manière que la supérieure n'ombrage pas celle qui est immédiatement au-
dessous Il faut que l'air et la lumière puissent pénétrer facilement dans l'intérieur, afin de faire prospérer les productions fruitières qui couvrent les branches charpentières dans
toute leur longueur. S'il pousse trop de branches, on retranche les moins bien placées, et s'il en manque, on en
greffe par approche. Il est à remarquer qu'on en laisse trop
presque toujours. J'ai vu ici plusieurs pyramides de 10 à 12
ans qui n'ont pas encore donné un seul fruit. Leur premier
défaut est d'avoir trop de branches. Ces branches sont bifurquées trois ou quatre fois, en sorte que leurs nombreux rameaux s'entrelacent comme ceux d'un buisson. Tout l'intérieur

se dégarnit. La sève n'étant plus arrêtée se porte avec force aux extrémités et fait pousser une foule de rameaux très-vigoureux qui ne donnent jamais de fruits, parce qu'ils sont coupés tous les ans, et nous savons que la branche à fruit du poirier ne produit que quand elle a de 2 à 3 ans. Qu'on élague donc toutes ces bifurcations, qu'on ait des branches droites comme un bâton, qu'on retranche parmi celles qui sont trop rapprochées les moins bien placées; que l'air et la lumière pénétrent partout, et alors on verra sortir des bourgeons le long de toutes les branches, et on les traitera comme il a été dit au chapitre de la mise à fruit, on pincera sévèrement les bourgeons qui avoisinent le rameau terminal afin de refouler la sève vers la base.

Dans une pyramide on appelle *flèche* le rameau du sommet de la tige-mère; ce rameau doit être toujours tenu en bon état de végétation et être prédominant sur les bourgeons voisins. Ces derniers sont pincés toutes les fois qu'ils menacent de devenir plus longs et plus forts que la flèche.

PYRAMIDE

Première année de Formation. — Sujet greffé sur place depuis un an.

Le rameau fourni par cette greffe est taillé en A sur un œil opposé à celui de la greffe, afin de maintenir la tige bien verticale. Il reste dans le bas 5 ou 6 yeux qui formeront les premières branches charpentières, et donnent pour la deuxième année le résultat de la figure suivante.

Quand on veut former une pyramide avec un arbre d'un an de greffe et planté au moins depuis un an, pour la première taille, on retranche la moitié ou plus de la pousse qu'a fournie la greffe, à environ 45 cent. du sol. Elle sera coupée sur un œil opposé à celui de la greffe, pour que la tige reste bien verticale. Outre l'œil qui prolonge la tige-mère, il faut qu'il en reste au moins 5 ou 6 autres qui se développeront et formeront les premières branches charpentières. S'il en pousse un plus grand nombre, on retranche les moins bien placées et l'on garde celles qui sont disposées le plus régulièrement autour de la tige-mère. Cet élagage se fait lorsque les pousses sont longues de quelques cent. Les branches les plus basses doivent être à une hauteur de 25 à 30 centimètres du sol. On maintient l'équilibre entre elles. Si quelqu'une prenait trop de vigueur, on la pincerait. Si une autre poussait mal, on lui ferait une entaille en-dessus et on lui laisserait le plus de feuilles possible.

PYRAMIDE — 2ᵉ année à former

Les yeux du bas ont donné chacun un rameau. On laissera en leur entier les rameaux les plus inférieurs, et on taillera au tiers de leur longueur les plus élevées, sur un œil en dehors, afin que la branche s'éloigne du centre. On doit tenir plus longues les branches faibles et, au besoin, on leur fera une entaille en-dessus pour les fortifier. La flèche est taillée à la moitié de sa longueur sur un œil opposé à celui de la taille précédente. Il restera 5 ou 6 yeux qui donneront d'autres branches charpentières. L'année suivante on aura pour résultat la figure ci-contre.

Au printemps qui suivra la première taille, l'arbre sera composé de la tige-mère bien verticale et de 5 ou 6 branches tout autour. La flèche (première pousse de la tige-mère) sera coupée à environ la moitié de sa longueur sur un œil opposé à celui de la taille précédente. Cette dernière précaution doit s'observer à chaque taille pour maintenir la tige-mère bien verticale. Quant aux 5 ou 6 branches latérales, on retranchera le tiers de la longueur de celles qui sont vers la base, si elles sont d'égale force. Si quelqu'une d'elles était plus faible que les autres, on la taillerait plus longue et au besoin, on lui ferait une entaille en-dessus, afin de lui faire arriver une plus grande quantité de sève. Celles qui sont placées plus haut seront coupées à la moitié de leur longueur et toujours sur un œil, en dehors, pour que la pousse tende à s'éloigner du centre.

N'oublions pas que les branches inférieures doivent être fortement établies avant de laisser élever la pyramide. La sève a une forte tendance à se porter au sommet. Si les branches inférieures n'ont pas de grands courants pour la retenir, elle les abandonnera et fera développer au sommet d'énormes gourmands qui auront bientôt détruit tout l'équilibre de l'arbre.

Pendant l'été qui suivra la 2e taille, les yeux de la flèche

donneront de nouvelles branches. On élaguera celles qui seraient inutiles, et on en gardera que 5, 6 ou 7 que l'on main-
tiendra égales en force par les pincements et par les entailles
en-dessus pour les faibles et en-dessous pour celles qui seraient trop fortes. Les rameaux qui avoisinent la flèche
seront pincés soigneusement pour laisser toujours à cette dernière la prédominance.

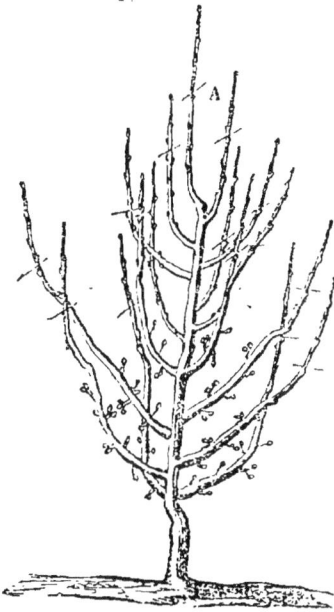

PYRAMIDE — 3ᵉ année de Formation

La flèche est taillée à la moitié de sa longueur en A, sur un œil opposé
à celui de la taille précédente. Les rameaux les plus rapprochés de la
flèche seront coupés de la moitié de leur longueur, comme l'indique la
figure, et les autres au tiers de la dernière pousse.

Au printemps suivant pour la 3ᵉ taille, on coupera la flèche à la moitié ou plus de sa longueur. Les branches de l'année précédente seront taillées à la moitié de leur longueur, et aux plus inférieures on ne retranchera que le tiers de la dernière pousse. Si quelque branche se rapprochait trop du centre, ou ne gardait pas la place qui lui convient, elle serait ramenée avec un lien ou avec un arc-boutant.

La 4ᵉ taille différera des autres en plusieurs points. Les branches inférieures ont atteint près d'un mètre de longueur, et elles ne doivent pas dépasser cette limite, si l'arbre ne prend pas un grand développement. Il faudra donc les tailler plus courtes et leur enlever les deux tiers de la dernière pousse. A celles de la 2ᵉ série qui ont deux ans, on ne retranchera que le tiers de la dernière pousse, et à celles de l'année précédente on supprimera la moitié de leur longueur. L'arbre commencera dès lors à prendre la forme pyramidale.

Les tailles suivantes se feront d'après un fil fixé à un piquet à la distance de 1 mètre, ou un peu plus, du pied de l'arbre et se dirigeant vers le milieu de la flèche. Quant aux productions fruitières qui doivent couvrir toutes les branches, elles seront tenues très-courtes et traitées comme il a été dit au chapitre de la mise à fruit.

REMARQUE. — La sève du pommier passe plus volontiers dans les branches latérales que celle du poirier ; si on les favorise trop, la flèche peut périr. Quand on élève un pommier en pyramide, il faut ordinairement tailler la flèche un peu plus longue que celle du poirier, et ne pas laisser trop développer les branches latérales.

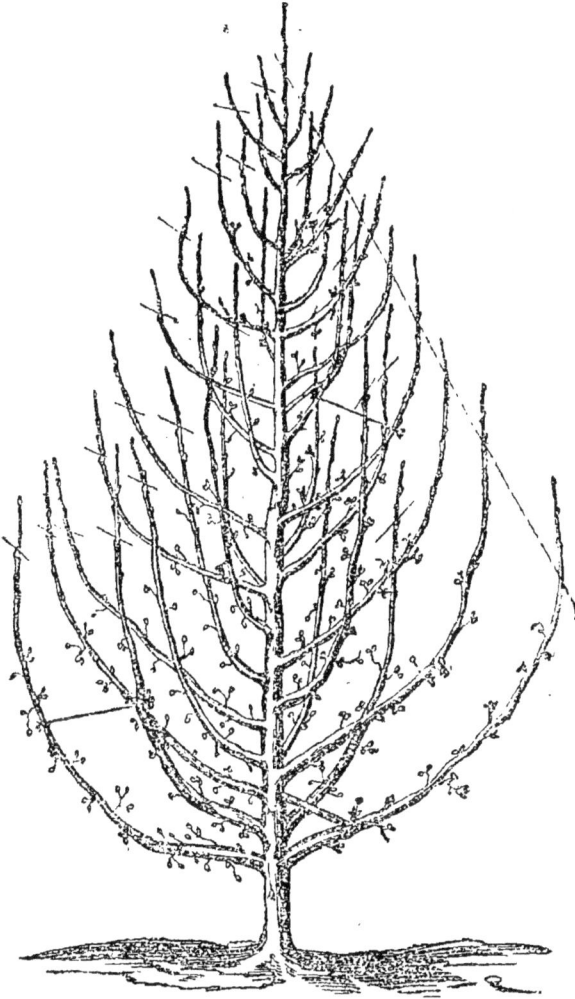

PYRAMIDE DE 7 A 8 ANS

Quand la pyramide a pris tout son développement, elle peut avoir pour diamètre un peu plus du tiers de sa hauteur. Elle se compose d'une tige verticale, garnie tout autour de branches charpentières, qui vont en diminuant de grosseur et de longueur depuis la base jusqu'au sommet. Elles sont disposées avec une certaine symétrie, pour éviter des vides désagréables à la vue. Elles sont assez espacées entre elles pour que l'air et la lumière puissent pénétrer librement dans tout l'intérieur. Elles sont couvertes dans toute leur longueur de productions fruitières, qui ne dépassent pas 10 ou 12 centimètres après la taille. Chaque branche est terminée par une jeune pousse, et c'est sur un des yeux de cette pousse que se pratique la taille du printemps. Dès la quatrième année, cette taille se fait à peu près suivant un fil qui, partant du milieu de la flèche, est fixé, selon la hauteur de l'arbre, à 1 mètre ou plus du pied de la pyramide.

2ᵉ SÉRIE

DES PETITES FORMES A DONNER AUX ARBRES DE JARDIN

1ᵒ COLONNE OU FUSEAU

Comme la pyramide, le fuseau se compose d'une tige garnie tout autour de branches qui vont en diminuant de longueur jusqu'au sommet, de manière à présenter la forme d'un cône allongé. Mais ici ce ne sont que des branches à fruit un peu plus longues que sur les autres formes. Les plus inférieures peuvent atteindre une longueur de 20 à 24 centimètres. Les plus fortes ne sont pas plus grosses que le petit doigt. Le diamètre de l'arbre, dans le bas, peut aller jusqu'à 50 centimètres.

La forme en colonne ou en fuseau se compose, comme la pyramide, d'une tige-mère verticale et unique ; mais elle en diffère essentiellement en ce qu'elle n'a point, à proprement parler, de branches charpentières. La tige-mère n'est garnie tout autour, depuis la base jusqu'au sommet, que de productions fruitières, à peu près comme la branche de charpente d'un contre-espalier. Cependant, ces rameaux à fruits sont tenus plus longs que ceux du contre-espalier. Ils peuvent, dans le bas, atteindre une longueur de 20 à 25 cent. en sorte que l'arbre formé, aura dans le bas, un diamètre de 40 à 50 c. Les plus fortes branches latérales ne devront pas être plus grosses que le petit doigt. Toutes celles qui tendraient à dépasser de beaucoup cette mesure, seront coupées sur couronne. Nous savons qu'une grosse branche attirant trop de sève, ne donnerait que des boutons à bois, là où nous voulons des fruits. De son empâtement sortiront des bourgeons plus faibles qui se mettent facilement à fruit.

Cet arbrisseau a été l'objet de nombreuses critiques. La sève, disent les uns, se trouvant resserrée en un trop court espace, fera pousser cette tige unique *jusqu'à la lune*, surtout si l'arbre est planté dans un terrain substantiel ; et alors, répondent les autres, il faudra emprunter l'échelle de Jacob pour en cueillir les fruits. Un arbre si faible et si haut, disent encore d'autres médisants, sera brisé par le moindre coup de vent. Malgré ces attaques malveillantes, le fuseau restera un arbre vraiment utile dans beaucoup de circonstances. M. Du Breuil lui reconnaît les avantages suivants: Dans un petit jardin, il ombrage peu et ne nuit pas à la culture d'autres produits. Comme il occupe peu d'espace, on peut réunir un grand nombre de variétés dans une petite étendue. Il donne promptement, et des fruits d'autant plus beaux qu'ils sont plus rapprochés de la tige et plus exposés au soleil. Il remplit avantageusement les vides que laissent entre eux les contre-espaliers, avant leur entier développement. Pour éviter l'inconvénient de le voir s'élever trop haut, on aura soin de ne planter que des poiriers greffés sur cognassier et de choisir les espèces les moins vigoureuses, surtout si le terrain est propice aux arbres. On le plantera de préférence dans un terrain de fertilité moyenne. Pour le pommier, on le prendra greffé sur doucin.

Ces arbrisseaux peuvent être plantés en massif, à une distance de 1 mètre 50 cent. les uns des autres, ou en ligne, le long des allées.

Voici comment on procèdera pour la formation et la taille du poirier en fuseau. La première taille ne se fera qu'après un an de plantation. On laissera la tige plus longue que celle de la pyramide ; car il ne s'agit ici que d'avoir des branches faibles pour donner du fruit. On ne retranchera donc que le tiers de la dernière pousse. S'il y a déjà quelques rameaux dans le bas, on ne leur laissera qu'une longueur de 6 à 8 cent. et ceux du sommet seront coupés sur couronne. On veillera, pendant l'été, à ce que tous les yeux nécessaires pour bien garnir la tige se développent. Si quelques-uns restaient endormis, on leur pratiquerait une entaille en-dessus, et on pincerait sévèrement les pousses qui avoisinent le sommet. Si ces moyens ne les font pas partir, c'est une preuve qu'on a coupé la flèche trop longue, il faut alors la raccourcir sur un bon bouton qui formera la flèche. On doit opérer ainsi toutes les fois que la sève se porte trop vers le haut et abandonne les bourgeons de la base. Pendant l'été, laissez pousser librement tous les bourgeons, ne pinçant que ceux qui avoisinent la flèche et ceux qui menaceraient de former des gourmands.

A la deuxième taille, on coupe tous les rameaux : à ceux de la base ne laissez qu'une longueur de 8 à 10 cent ; à ceux du milieu, 5 cent., et ceux du sommet seront coupés sur couronne. La flèche sera taillée au tiers ou à la moitié de la dernière pousse, selon qu'elle sera plus ou moins forte. Si, sur quelque point, il se trouve des ramifications trop rapprochées, on en retranchera quelques-unes, pour éviter la confusion. Pendant l'été, laissez pousser librement tous les rameaux, excepté ceux du sommet, qui sont pincés sévèrement.

On voit que la taille de cet arbre est des plus faciles : tous les ans on enlève le tiers ou la moitié de la flèche, selon sa vigueur ; pendant l'été, on veille à ce que tous les yeux partent, pour ne pas avoir de vide ; les bourgeons qui avoisinent la flèche sont pincés une ou deux fois ; les autres sont abandonnés à eux-mêmes, surtout si l'arbre est vigoureux et sans fruits. On laisse allonger, un peu tous les ans, les rameaux inférieurs, jusqu'à la distance de 20 à 25 cent. Ils sont toujours taillés sur un œil en dehors. Ceux du milieu sont tenus moitié moins longs et vont en diminuant jusqu'à ceux du sommet, lesquels sont coupés sur couronne. L'arbre prend alors la forme d'une colonne plus mince au sommet qu'à la base. Si, par défaut de soin, il se produisait quelque vide considérable, on y pratiquerait une greffe par approche, ou l'on ferait une incision annulaire au-dessus du vide ; la séve se trouvant coupée fera pousser des branches sur la partie inférieure à l'entaille. Cette incision est aussi appliquée avec succès sur les fuseaux, pour les mettre à fruit, quand ils ont trop de vigueur.

2° CORDON OBLIQUE DE DU BREUIL

Cette forme s'applique à tous les arbres de jardin, mais principalement au poirier et au pêcher. Les poiriers sont

placés selon M. Du Breuil, à une distance de 40 cent.
les uns des autres, et les pêchers à 75 cent. Sous
cette forme, les arbres sont toujours appliqués contre
un mur, et comme ils ne sont pas destinés à prendre un
grand développement, on choisit les greffes et les espèces
les moins vigoureuses, et on les plante de préférence dans un
terrain médiocre, afin de modérer plus facilement la végétation. Cette forme est facile à établir ; en peu d'années, elle
tapisse un mur, et permet de cultiver beaucoup de variétés
dans un petit espace. Si l'un des arbres vient à périr, le vide
est comblé en peu de temps, sans qu'on éprouve une perte
notable du côté du fruit.

Pour établir un cordon oblique de poiriers, on prend des ar-
arbres greffés sur cognassier depuis 1 an, ou 2 ans et à une seule
tige. On les plante à 40 cent. les uns des autres, en les in-
clinant d'abord que légèrement et du côté du midi, si le mur
va du nord au sud. La première année, on ne retranche, pour
toute taille, que quelques centimètres de la tige, et on veille
à ce que tous les yeux inférieurs se développent. L'arbre doit
être entièrement couverts de petits rameaux à fruits, absolument comme une branche charpentière d'espalier. On emploiera pour les mettre à fruit tous les moyens déjà indiqués.
Que le rameau terminal soit surtout protégé ; s'il lui arrive
quelque accident, qu'on le remplace par un bourgeon vigoureux de son voisinage, en taillant en vert sur ce dernier. Au
printemps de la troisième année, on abaisse tous les arbres
les uns sur les autres, sur un angle de 45 degrés (c'est la ligne
qui forme l'onglet et qui partage en deux parties égales l'espace compris entre le fil à plomb et la surface de l'eau). Si les
arbres étaient trop vigoureux, on pourrait les abaisser davantage. Une plus grande inclinaison modérerait leur force et

leur fournirait, sur le mur, plus d'espace à parcourir. Quand ils ont atteint le sommet du mur, qui doit être au moins de 2 mètres, on coupe tous les ans le rameau terminal sur un bon bourgeon, à 40 cent. au-dessous du chaperon. Il faut qu'une pousse vigoureuse appelle, chaque année, la sève jusqu'à l'extrémité de la tige.

Pour couvrir entièrement le mur et remplir le vide que laissent le premier et le dernier arbre, on forme une demi-palmette. Pour cela, pendant la troisième année après la plantation, laissez pousser un gourmand à la base du premier arbre, et, au besoin, provoquez-le par une entaille ou par une greffe en écusson ; l'année suivante, ce gourmand sera courbé de manière que sa tige soit parallèle à celle des autres arbres, et à la même distance de sa tige-mère que les arbres ont entre eux. Au coude formé par ce rameau il partira un nouveau gourmand qui sera courbé de la même manière, et ainsi de suite, chaque année, jusqu'à ce que le mur soit couvert. Il est inutile de dire que ces rameaux seront garnis de productions fruitières. De même, l'autre côté de la plantation laisse aussi un vide sous le dernier arbre : on ménage aussi un gourmand que l'on laisse bien fortifier, pendant deux ans. On l'abaisse ensuite horizontalement, on laisse développer trois ou quatre bourgeons à la distance voulue, et on les inclinera aussi parallèlement aux arbres, pour remplir entièrement le vide.

Remarque. — Cette forme de cordon oblique, à une seule tige, peut être employée pour le pêcher dans un terrain médiocre. Les arbres plantés à 75 ou 80 centimètres les uns des autres peuvent prospérer sans se nuire ; mais cette même forme oblique ou verticale est défectueuse pour les poiriers, si on les plante à 30 ou 40 centimètres les uns des autres, comme l'ont essayé plusieurs amateurs. Il arrive le plus souvent que le résultat est complètement nul. Les arbres les plus vigoureux étouffent les plus faibles ; s'il se fait un vide, le remplacement devient impossible. Si un arbre prend la maladie du *blanc*, toute la plantation est bientôt compromise.

On peut avoir du fruit promptement en employant cette méthode, et procédant ainsi : On achète chez un pépiniériste des quenouilles de trois ans de greffe ; on les plante à une distance de 90 cent. à 1 mètre. On les taille à peu près comme le fuseau, laissant les branches du bas longues de 20 à 25 centimètres. De cette manière on a du fruit dès la deuxième année de plantation, et le mur est assez couvert pour ne pas choquer la vue.

Au reste, cette forme peut être remplacée très-avantageusement par des palmettes à trois tiges, que les jardiniers semb'ent généralement préférer aujourd'hui. Les arbres sont plantés aussi à une distance de 90 cent. à 1 mètre ; ils prospèrent mieux en palmette et flattent plus agréablement la vue.

CORDON HORIZONTAL.

Ce mode de plantation est encore peu connu ici : il remplace avec avantage les petits arbres en buisson ou en gobelet, encadre les allées d'un cordon de fleurs variées au printemps, et de fruits magnifiques en automne. Ces petits arbres, dont la hauteur ne dépasse pas 40 cent., ne nuisent point par leur ombrage ; on peut cultiver à leur pied des bordures de fraises ou de fleurs. Ils produisent vite, abondamment, et donnent des fruits remarquables par leur grosseur et leur beauté. Pour ne pas les laisser épuiser et avoir de beaux produits, il faut

8

éclaircir les fruits avec soin, et en enlever quelquefois plus de la moitié, quand ils ont atteint la grosseur d'une petite noix. La nature, en produisant les fruits, a un but différent de celui de l'homme. Elle tend à propager l'espèce, et par conséquent donne beaucoup de fruits pour avoir beaucoup de graines. Les fruits perdent alors en bonté ce qui sert à former les graines. L'homme, au contraire, ne songe point aux graines; il veut des fruits qui le nourrissent tout en flattant son goût. En retranchant l'excédant de ce que produit un arbre, on force la nature à faire passer dans le parenchyme, dans la chair du fruit, si l'on peut parler ainsi, tout ce qu'elle aurait dépensé à former des graines inutiles à l'homme. Donc, si vous voulez avoir des fruits beaux et succulents, n'en laissez qu'une quantité mesurée sur le développement et la vigueur de l'arbre. Vous y gagnerez et l'arbre y gagnera plus encore; car c'est la formation des graines qui l'épuise le plus. Revenons maintenant à notre cordon.

Si l'on veut former un cordon de pommiers, on prendra des arbres greffés sur paradis, si le terrain est bon, et s'il est sec et maigre, on emploiera la greffe sur doucin. Ces arbres sont plantés à quelques centimètres du bord de l'allée, et à 3 mètres les uns des autres pour le paradis et à 4 mètres pour le doucin. Comme ces arbres ne sont pas destinés à prendre un grand développement, il n'est pas nécessaire de faire beaucoup de frais de défoncement: il suffit d'ouvrir un trou de 60 cent en tous sens. Après avoir planté ces arbres, on les laisse bien se fortifier pendant un ou deux ans, avant de les courber, en ayant soin de pincer court les bourgeons qui avoisinent le terminal. Pour leur donner la forme de cordon, on tend un fil de fer galvanisé, suivant la ligne de la plantation, et on le fixe à deux poteaux bien solides, placés aux

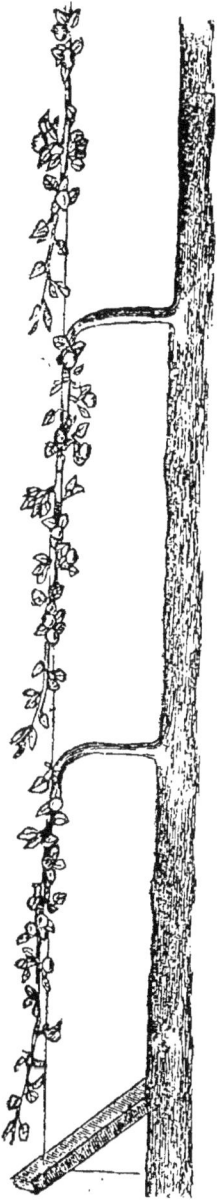

CORDON HORIZONTAL A UN SEUL BRAS

Ces cordons sont soutenus par un fil de fer dont les extrémités sont fixées à une pierre ou à un billot enfoui en terre. Plus l'expérience se fait, et plus on reste convaincu que le cordon à un seul bras est défectueux. La sève se trouve trop restreinte, et il est fort difficile d'empêcher les gourmands ou les têtes de saule de se former au-dessus du coude. On ne l'emploiera donc que sur les terrains en pente, où l'on ne pourrait maintenir l'équilibre entre deux bras. Les arbres greffés sur doucin seront plantés à 4 mètres les uns des autres, et ceux greffés sur paradis à 3 mètres.

deux extrémités du carré. Si la distance est grande, on le fait reposer sur d'autres poteaux, distancés de 8 mètres entre eux. Ce fil de fer, élevé à 40 cent du sol, doit être bien raidi au moyen d'un tendeur quelconque. Avant de le placer, il est bon de le soumettre à une forte tension, afin qu'il soit moins exposé à varier de longueur. Chaque arbre est alors incliné dans le même sens sur ce fil, en formant un cou de cigogne ; pendant la sève, on le pliera entièrement, s'il résistait, on le fixerait à un piquet enfoncé à son pied. On ne taille pas le rameau terminal jusqu'à ce qu'il rencontre l'arbre suivant, (voir page 34). Alors toute la partie courbée se couvrira de rameaux, et c'est ici qu'il faudra appliquer le pincement court; toute pousse sera coupée aussitôt que la 3e feuille sera développée.

On doit beaucoup protéger le rameau terminal. S'il lui arrive quelque accident, remplacez-le par un bourgeon vigoureux de son voisinage ; s'il ne pousse que faiblement, redressez le sur un tuteur: la position verticale attirera la sève. Tous les ans, à la taille du printemps, on le laisse en son entier jusqu'à ce qu'il rencontre l'arbre suivant. Les productions fruitières, tenues très-courtes, seront à fruit dès la deuxième année. Si, sur certains points, elles sont trop rapprochées, on en élague quelques-unes. Quand le rameau terminal d'un arbre arrive sur la courbe du suivant, on peut les greffer ensemble par approche. On opère de même sur les autres à mesure qu'ils se rencontrent, et on obtient ainsi un cordon continu qui se soutient sans avoir besoin de fil de fer.

Il pourrait arriver, surtout, si les arbres sont greffés sur douciu, qu'on ait de la peine à maîtriser la sève et qu'elle pousse à bois sans vouloir se mettre à fruit. On peut toujours se rendre maître de la sève : à défaut d'autres moyens, on peut laisser partir quelques gourmands, qui absorbent la sève excédante, et seront retranchés, l'année suivante. Ce moyen peut conforme à la science, ne peut être employé que lorsque le fruit manque : quand l'arbre est couvert de fruits, sa végétation n'est jamais trop forte.

On peut encore former un deuxième cordon au dessus du premier, à 25 cent. La sève aura alors un plus grand espace à parcourir et perdra de sa vigueur. Pour établir ce deuxième cordon, on réserve, sur le coude de chaque arbre, un rameau que l'on ne pince pas Quand il est assez fort, il est incliné sur un fil de fer placé à 25 cent. au-dessus du premier. On greffe par approche ce nouveau cordon comme le premier, et on a ainsi deux cordons superposés.

Ce cordon à un seul bras, comme je viens de le décrire, est le plus facile à établir. Il convient au pommier paradis, dont la végétation est faible. Il sera aussi choisi pour les terrains en pente, et les arbres se dirigeront vers le point le plus élevé. Mais cette forme où la sève est si restreinte conviendra-t-elle également au poirier, dont la végétation est plus forte? M. J.-L. Jamin, un des plus célèbres arboriculteurs pratiques de nos jours, et qui est ou l'inventeur ou l'un des premiers propagateurs de cette forme, conseille de donner deux bras à chaque arbre, surtout au poirier, afin de ménager plus d'espace à la sève. Il ne veut pas non plus qu'on les greffe les uns aux autres, de peur que si l'un devient malade, il ne communique son mal à toute la plantation.

Les amateurs feront bien d'essayer les deux méthodes : Voici comment s'établit le cordon à deux bras. On ne doit prendre que des poiriers greffés sur cognassier et choisir même les espèces les moins vigoureuses, surtout dans un terrain riche. Après un an de plantation on coupe la tige qu'a

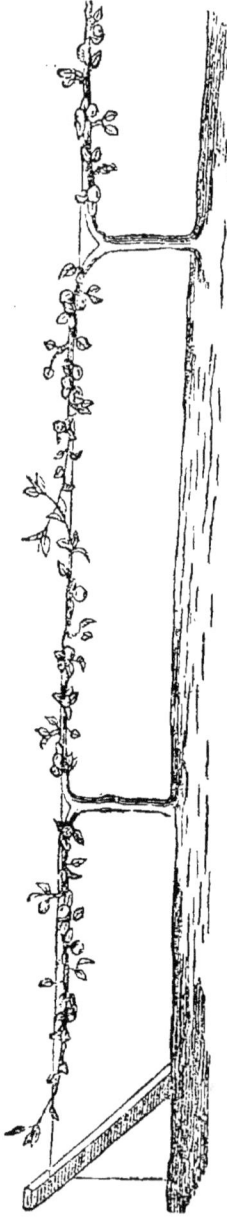

CORDON HORIZONTAL A DEUX BRAS

Le cordon à deux bras doit être préféré. Il est plus naturel à la sève d'avoir plusieurs courants. Un arbre abandonné à lui-même se développe toujours en plusieurs branches. On appliquera à ces cordons le pincement court décrit plus haut (page 34). Tous les bourgeons à fruit seront pincés aussitôt que la troisième feuille sera développée. Si on avait négligé les pincements et que les rameaux eussent déjà poussé de 6 à 10 centimètres, il faudrait alors les pincer plus longs, au moins sur deux feuilles munies d'un œil à leur aisselle. Dans certaines espèces, les premières feuilles n'ont pas d'yeux. Si on ne les pince que quand les bourgeons sont déjà à l'état ligneux, les yeux ne se forment pas, et alors il ne reste qu'un chicot inutile. Au contraire, pincés à l'état herbacé, les bourgeons donnent des yeux à toutes leurs feuilles.

fournie la greffe à 40 cent. du sol, de manière à ménager deux yeux, un de chaque côté, pour former les deux bras de l'arbre. On laissera pousser librement les deux bourgeons pendant tout l'été, en maintenant l'équilibre entre eux. Au printemps suivant, les deux rameaux, s'ils sont vigoureux, seront inclinés sur un fil de fer placé comme il a été dit plus haut ; s'ils ne sont pas vigoureux, on les laissera encore se fortifier dans la position verticale.

Si l'arbre manquait des yeux nécessaires pour former les deux bras, on pourrait le regreffer en fente et y placer deux scions qui fourniraient les deux bras. On pourrait encore plus simplement courber l'arbre comme pour en faire un cordon à un seul bras. On pratiquerait vers le coude une entaille qui ferait partir une pousse. On la laisserait pousser librement jusqu'à ce qu'elle eût atteint la force de l'autre, et on l'abaisserait ensuite pour former le second bras. On pourrait aussi placer un écusson au coude pour fournir cette branche.

Au printemps, on ne taille pas la dernière pousse des bras. Pendant l'été, toutes les productions fruitières sont pincées sur 2 ou 3 yeux. Si le terrain est propice aux arbres, on doit planter les poiriers à 4 ou 5 mètres les uns des autres. Quand les branches se rencontrent, on les laisse se croiser, en veillant à ce qu'elles ne se nuisent pas mutuellement. On doit surtout pincer avec soin les bourgeons qui viennent au-dessus des coudes. La sève tend à s'élever verticalement ; elle se trouve tout-à-coup arrêtée par la courbe de l'arbre, s'amasse sur ce point et tâche de s'échapper en bourgeons d'une vigueur énorme. Si on ne les pince pas soigneusement, ces bourgeons formeront bientôt des rameaux très-gros, qu'il sera impossible de mettre à fruit. Si on les pince tard et long, on aura, en peu de temps, une espèce de tête de saule, qui ne donnera que du bois et jamais du fruit. Les pousses qui sont trop fortes sont toutes coupées sur couronne. Il naîtra de leur empâtement des bourgeons plus faibles qui se mettront à fruit facilement.

Voilà quelques-unes des formes les plus simples et les plus avantageuses. Ceux qui seront capables de les établir et d'en tirer parti pourront sans inconvénient en essayer beaucoup d'autres. Nous nous bornerons donc pour le moment à ces quelques notions.

CHAPITRE XI

—

RESTAURATION

DES VIEUX ARBRES

———— §·2 ————

Tous ceux qui possèdent un jardin ne manquent guère d'y planter un certain nombre d'arbres fruitiers qui, par leur faible produit, sont loin souvent de compenser le dommage qu'ils causent aux carrés. Une taille inintelligente, en leur donnant une forme de buisson, les rend à la fois infructueux et fort désagréables à la vue. Avec quelques soins et un peu d'intelligence, il est quelquefois facile de remédier en partie à ces défauts. Nous allons donner quelques principes pour atteindre ce but, et pour procéder avec ordre, nous diviserons les arbres en deux catégories : 1° ceux qui sont vieux et dont l'aspect annonce la décrépitude ; 2° ceux qui sont encore jeunes et vigoureux.

Pour les premiers, on peut d'abord les *recéper*, c'est-à-dire couper toutes les branches près de terre ; on travaillera et on fumera le terrain autour des racines. Si l'arbre pousse de vigoureux rejetons, c'est une preuve qu'il peut être rajeuni avec avantage. Alors, s'il s'agit d'un espalier, on choisira trois pousses, une de chaque côté et une au milieu, pour former une palmette. S'il n'y avait qu'un rejeton vigoureux, on le taillerait sur trois yeux, deux latéraux et un devant ou derrière un peu plus haut, pour former les deux bras et la tige mère d'une palmette. Si on veut le dresser en pyramide, on ne garde qu'un seul rejeton, que l'on fixe bien droit et que l'on coupe sur 5 ou 6 yeux pour avoir les premières branches latérales ; la pousse la plus élevée continuera la tige-mère. On la traitera comme la pyramide ordinaire (*voir* page 70). Si l'arbre recépé pousse très-peu, il vaut mieux l'arracher et le remplacer par un jeune, en ayant soin de renouveler la terre épuisée par le vieil arbre.

Quant aux arbres qui sont encore dans la force de la végétation, ils se présentent ordinairement sous les trois formes de pyramide ou quenouille, d'espalier et de gobelet, que nous allons examiner séparément.

De la Pyramide ou Quenouille

On rencontre dans plusieurs jardins des quenouilles qui sont dans des conditions bien différentes. Les unes, placées aux angles des carrés, présentent un aspect chétif et misérable ;

pour flèches, elles n'ont qu'un tronçon informe ; les branches latérales, toujours trop nombreuses et trop rappochées, ont été coupées très-court et ne portent, pour productions fruitières, que des chicots, des nodosités ou des têtes de saule. A la fin de l'automne, le bout des feuilles et même des jeunes pousses, est souvent desséché. Le bois est grossièrement gercé. Il y a ici défaut de taille et de soin. On bêche le carré jusqu'au pied de la quenouille, dont on coupe et l'on blesse ainsi les racines. Ces mutilations répétées empêchent l'arbre de prospérer. On ne doit remuer la terre qui est autour des arbes qu'avec précaution, et n'employer qu'une bêche à dents ou un instrument à pointe : voilà pour les soins. Pour la taille, on retranche, parmi les branches trop rapprochées, les moins droites et les moins bien placées, ainsi que toutes les bifurcations qui ne sont pas absolument nécessaires pour remplir un vide considérable. Sur les branches qui seront conservées, on coupera sur couronne tous les chicots et toutes les têtes de saule, ainsi que toute production fruitière dont la grosseur dépassera celle d'une forte plume à écrire. De l'empâtement de ces branches coupées, il sortira des brindilles qui seront pincées à 10 centimètres et se mettront facilement à fruit. — Il faut, de *toute nécessité*, que chaque branche charpentière soit terminée par une jeune pousse, ou par un bon bouton destiné à la prolonger et à attirer la sève à l'extrémité. Si les branches sont trop informes pour pouvoir réaliser cette condition, il vaut mieux les couper près du tronc. Avec les jeunes rejetons qui naîtront tout autour, on formera une charpente nouvelle, où la sève circulera mieux et qui flattera plus le regard. — On fera bien aussi de couvrir les arbres languissants d'une couche de chaux à la consistence

d'une bouillie, après avoir gratté la vieille écorce et enlevé
la mousse.

Non loin de cette pyramide malingre, en voici une autre
dont les branches, qui traînent à terre, ont empêché la bêche
d'approcher de ses racines. Aussi, voyez, quelle vigueur ! Ses
branches, quatre ou cinq fois bifurquées, sont couvertes de
rameaux vigoureux qui s'enlacent les uns dans les autres, et
sont tellement serrés, qu'on ne peut plus apercevoir la tige
du milieu. Les branches de la partie supérieure sont beaucoup
plus grosses que celles du bas, et menacent d'attirer toute
la sève : vous diriez un arbre vert taillé en cône compac'e,
pour servir d'ornement. Il est impossible qu'une pyramide
puisse donner du fruit dans de pareilles conditions. Elle n'en
donnera pas dans l'intérieur, faute d'air et de lumière, ni
aux extrémités des branches, dont les pousses sont coupées
tous les ans ; car nous savons que la branche à fruit du
poirier et du pommier doit avoir au moins 2 ou 3 ans.
Pour la restaurer et la mettre en état de produire, on
procèdera de la manière suivante : Retranchez les bifurcations
et quelques branches dans les endroits où elles sont trop
rapprochées. — Presque toujours on en laisse trop. — Il faut
que l'air et la lumière pénètrent facilement et largement dans
tout l'intérieur. Les grosses branches du sommet seront
coupées sur couronne, excepté une qui servira de flèche et de
prolongement à l'arbre. Toutes les branches conservées seront
taillées court vers le sommet, et elles iront en augmentant
de longueur jusqu'à la base, de manière à donner à l'arbre la
forme pyramidale. Elles seront, de *toute nécessité*, terminées
par une jeune pousse ou par un bon œil. D'abord, on n'aura,
le plus souvent, que des branches charpentières coudées et
contournées ; néanmoins, elles se mettront à fruit, et on

pourra les redresser peu à peu, tous les ans, en profitant, pour prolonger la branche, de quelque pousse qui naîtra sur les coudes et que l'on favorisera dans ce but. Toutes les têtes de saule et toute production fruitière qui sera *notablement* plus grosse qu'un tuyau de plume à écrire seront entièrement retranchées. L'année suivante, toutes les grosses branches qui étaient dénudées se couvriront de petits dards ou de pousses plus longues, qui seront pincées à 10 centimètres. Au printemps suivant, on taillera l'extrémité des branches sur un bon œil et plus ou moins longues, selon qu'elles seront faibles ou fortes, et, en deux ans, l'arbre sera mis à fruit.

REMARQUE. — Au lieu de couper toutes les branches à fruit qui sont un peu trop grosses ; on peut garder celles qui sont placées sous la branche mère inclinée. Dans cette position, peu favorable à la sève, elles pourront fructifier, surtout si on leur fait une entaille. Quant à celles qui sont placées sur le dessus, si l'on en conserve quelqu'une pour éviter un trop grand vide, il faudra l'entailler fortement. Alors, il arrivera ou qu'elle se mettra à fruit, ou bien, si elle ne pousse qu'à bois, on pourra, l'année suivante, la remplacer par les brindilles ou les dards, qui ne manqueront pas de pousser autour de l'entaille.

Il arrive souvent que la quenouille a des branches très-faibles dans le bas, parce que la sève s'est surtout portée au sommet. Dans ce cas, il faut la couper au tiers et quelquefois à la moitié de sa hauteur, près d'une branche qui puisse servir de prolongement. On fera encore mieux d'y placer une greffe en fente à deux scions, dont l'un fournira une flèche plus directe. On laissera les branches inférieures en leur entier, on les favorisera en pinçant celles qui seront voisines

9

de la flèche. En peu d'années l'arbre se rétablira sur un bon pied. Il sera mis à fruit comme il a été dit plus haut.

Restauration de l'Espalier

Sur les espaliers taillés par les jardiniers qui ne connaissent pas les principes, on peut signaler les défauts suivants, dont le détail indiquera déjà les moyens de les restaurer.

1° *Les branches charpentières sont trop nombreuses et trop rapprochées.* Elles ont à peine, entre elles, de 8 à 10 centimètres, tandis qu'elles devraient avoir de 22 à 25 cent. 2° *Elles sont disposées sans ordre*, plus inclinées les unes que les autres, se croisant, se mêlant d'une manière confuse et ne laissant pas aux productions fruitières un espace suffisant. 3° Quand les inférieures sont de la grosseur du pouce, celles du sommet sont grosses comme le bras. C'est l'inverse qui devrait avoir lieu. La sève a une forte tendance à se porter vers les branches supérieures; elle délaisse bientôt les inférieures, qui donnent quelques fruits et meurent en peu d'années; 4° *les branches charpentières sont tenues trop courtes et l'espalier n'a pas assez de développement en largeur.* Au lieu de laisser allonger les grosses branches, on les taille très-court. La sève se trouvant trop concentrée, se porte sur les productions fruitières, qu'elle fait partir à bois. Si l'arbre est vigoureux, il sort de tous côtés une forêt de gourmands qui usent la sève à pure perte. Quelques jardiniers ne pouvant maîtriser la sève, laissent partir en plein vent une branche du milieu de l'espalier. C'est un moyen pour le mettre à fruit, et cela vaut mieux que d'être réduit à mutiler son arbre, tous les ans, sans aucun bénéfice. — Au lieu de laisser échapper votre espalier en plein vent, disais je un jour à un jardinier, pourquoi ne lui donnez-vous pas plus d'étendue en largeur et un plus grand nombre d'étages ? L'espace ne vous manque pas. — Il me répondit naïvement : Mais, monsieur, la sève ne veut pas aller à l'extrémité des branches. Je regardai alors son espalier de plus près, et je fus convaincu qu'il avait raison. Presque toutes les productions fruitières, grosses comme des doigts, étaient terminées par trois ou quatre gourmands qui arrêtaient toute la sève au passage. 5° C'est ce qui constitue un autre défaut *capital* et *général* des espaliers mal taillés : *les productions fruitières sont beaucoup trop grosses et trop longues*. Elles attirent un grand courant de sève qui fait partir à bois tous les boutons ; on coupe les jeunes pousses dont les yeux partent aussi à bois, et on crée ainsi une tête de saule infructueuse ; les tailles successives en font bientôt un tronçon informe et inutile. La sève, arrêtée dans son cours, n'arrive plus aux extrémités des branches, qui restent languissantes et périssent souvent. Quand vous voulez arroser un pré, que faites-vous? Vous ouvrez un petit fossé dans toute la partie où doit arriver l'eau : ce fossé est coupé par d'étroites rigoles qui déversent l'eau sur tout le parcours. Si quelques-unes des rigoles étaient trop grandes, elles arrêteraient toute l'eau, et le reste du pré serait à sec : voilà l'image exacte du cours de la sève dans une branche charpentière. Les productions fruitières représentent les petites rigoles latérales du fossé, qui est représenté lui même par la grosse branche. Ces productions doivent se trouver sur toute la longueur de la branche, mais il faut qu'elles soient petites pour se mettre à fruit et pour ne pas empêcher la sève de se porter à l'extrémité. La sève, alors, aura un cours libre et régulier ; elle nourrira les fruits, en passant, et fournira un bon rameau terminal. Si l'arbre est trop vigoureux, la sève excédante se dépensera dans ce rameau terminal sans aucun inconvénient pour les fruits ni pour l'arbre.

Pour restaurer un espalier qui aura les défauts que je viens d'énumérer, il est facile de voir qu'il faudra : 1° retrancher quelques unes des branches, et principalement les bifurcations, afin de donner aux fruits un espace suffisant, au moins de 20 centimètres. Il faut, s'il se peut, en laisser le même nombre de chaque côté et tâcher d'équilibrer la sève, c'est-à-dire de la répartir également à droite et à gauche. Chaque branche sera, *de rigueur*, terminée par une jeune pousse ou par un œil vigoureux. 2° Tous les chicots et les têtes de saule seront coupés sur couronne. Les productions fruitières, qui seront notablement plus grosses qu'un tuyau de plume d'oie, seront retranchées, ou si l'on en conserve quelques-unes, comme il a été dit plus haut, on leur fera une forte entaille en-dessous. 3° A la taille du printemps, les branches inférieures qui sont les plus faibles seront laissées en leur entier, afin que l'œil terminal attire une plus grande quantité de sève. Les branches de la partie supérieure, qui sont les plus fortes, seront taillées court, sur deux ou trois yeux de la jeune pousse qui doit les terminer. Pendant l'été, les productions fruitières seront pincées à 10 centimètres ; celles du sommet recevront avec avantage le pincement très-court, aussitôt que la troisième feuille du jeune bourgeon sera développée. La sève se portera dans le bas qui est faible ; elle produira des dards, des lambourdes et des brindilles sur toute l'étendue des grosses branches. Tous les ans, on tâchera de remédier aux irrégularités de l'arbre, si quelque pousse heureusement survenue en fournit l'occasion. Les branches à fruit, que l'on avait laissées trop longues parce qu'elles. n'avaient des boutons qu'à leur extrémité, seront rapprochées peu à peu jusqu'à 10 centimètres de la grosse branche. En deux ou trois ans on aura un arbre supportable à la vue et chargé de boutons à fruits.

Restauration du Gobelet

Le pommier se prête si facilement à la forme en gobelet, qu'on en trouve avec cette disposition dans presque tous les jardins, et avec les défauts ordinaires des arbres mal conduits : branches trop rapprochées et formant un gobelet trop étroit ; branches à fruit se croisant dans l'intérieur et ne permettant pas à l'air et à la lumière d'y circuler ; productions fruitières toujours trop grosses et trop longues. Il arrive souvent qu'on plante des arbres greffés sur sauvageon au lieu de l'être sur paradis, et, alors, on obtient une végétation tellement forte, qu'il est impossible de les mettre à fruit. J'en ai vu qu'on avait mutilés pendant huit ou dix ans sans obtenir un seul fruit ; c'était la faute du jardinier et non de l'arbre. On ne doit pas tenir sous une petite forme un arbre d'une grande vigueur. Il faut le remplacer ou le mettre en contre-espalier ; on laissera partir en plein vent toutes les branches, en ne les taillant pas. Souvent on aura un bon résultat en laissant pousser, au milieu du gobelet, un vigoureux rejeton, qui sera transformé en une petite pyramide. La sève excédante sera absorbée par là, et les branches latérales se mettront aussitôt à fruit. Cette pyramide sera tenue dans de justes limites : elle sera plus ou moins grande, selon la vigueur de l'arbre, mais jamais assez pour attirer toute la sève, au détriment des branches latérales.

Il y a une autre sorte de restauration, qu'il est quelquefois important d'opérer sur les arbres fruitiers : c'est le changement de l'espèce. Vous avez un arbre dont les fruits sont de mauvaise qualité ; vous désirez lui greffer une espèce meilleure ; comment faudra-t-il s'y prendre pour ne pas trop dégrader son arbre ? — Si c'est une pyramide, coupez toutes les grosses branches du sommet aussi courtes qu'il sera possible, en gardant toutefois un petit tronçon pour recevoir une greffe en fente. Toutes les autres seront aussi coupées de plus en plus longues jusqu'à la base, en conservant à l'arbre sa forme pyramidale. On placera à l'extrémité de chaque branche une greffe en fente à un scion ou deux scions, pour plus de sûreté, de l'espèce que l'on veut posséder. Ces greffes fourniront en peu de temps un nouveau prolongement à l'arbre. Quant à la flèche, on la rabattra assez pour pouvoir y mettre aussi une greffe en fente. Si elle est faible, on pourra se contenter d'y placer un écusson à œil poussant, au commencement de juillet ; le bourgeon qu'il donnera remplacera la flèche. En procédant ainsi, on aura un arbre productif et complet beaucoup plus vite que si on en plantait un jeune. Du reste, on le traitera comme la pyramide ordinaire. Dans le commencement, on taillera très-long les branches inférieures pour qu'elles puissent prendre rapidement un développement convenable. Il restera quelques productions fruitières de la première espèce, sur les branches inférieures ; on pourra les laisser ou les changer en y posant des écussons.

Sur un espalier, on procédera de la même manière, laissant aussi les branches de plus en plus longues, depuis le sommet jusqu'à la base, et plaçant un ou deux scions sur chaque branche.

Si l'arbre est jeune, il suffit de placer, sur le rameau terminal de chaque branche, des écussons à œil poussant à la fin de juin, ou à œil dormant au mois d'août, pour servir de prolongement à toutes les branches et à la flèche.

Restauration des arbres à fruit à noyau

La restauration du pêcher est plus difficile que celle du poirier ou du pommier. Comme il pousse difficilement sur le vieux bois, il sera très-exposé à périr si on emploie le recépage; il ne faut recourir à ce moyen que lorsque l'arbre a déjà quelque jeune pousse près de terre. Si l'arbre est encore vigoureux et qu'il ait été mal taillé, pendant plusieurs années, tout le bas des branches sera dégarni de productions fruitières, et il sera difficile d'en faire repousser sur le vieux bois. Il faut songer aussi que le pêcher ne vit guère au-delà de vingt ans. A cause de tous ces inconvénients, si l'on a des pêchers en trop mauvais état et déjà vieux, il vaudra mieux les remplacer que les restaurer. Quelques auteurs ont avancé qu'en recépant le pêcher au mois de juin, au moment où la sève est dans toute sa force, il repousse immanquablement; c'est une expérience à faire. Quant à l'abricotier, au prunier et au cerisier, on peut les restaurer presque aussi facilement que le poirier, à cause de la faculté qu'ils ont de repousser facilement sur le vieux bois.

CHAPITRE XII

CONSERVATION DES FRUITS

Quand les fruits sont parvenus à la maturité à travers les intempéries des saisons et grâce aux soins assidus qu'on leur a donnés, il est bien naturel de songer à les conserver et à en jouir le plus longtemps possible.

De la mi septembre à la mi-octobre, selon que la saison a été plus ou moins chaude, on s'aperçoit que les poires et les pommes prennent une teinte particulière, tendant au jaune, et se détachent facilement de la branche; c'est le moment de les cueillir. Cette opération faite trop tôt nuit aux fruits; ils se rident, gardent de la verdeur, mais se conservent long-temps; si elle est faite trop tard, les fruits se conservent moins et ont plus de tendance à devenir pâteux. Il est a remarquer aussi que les fruits des branches inférieures sont plus tôt mûrs que ceux des branches supérieures; cela vient de ce que la sève ayant plus de force dans le haut de l'arbre, les nourrit plus longtemps. Pour agir d'une manière parfaite, il faudrait donc faire la cueillette en deux fois.

Pour ramasser les fruits, on choisira un jour clair et sec;

on détachera chaque fruit un à un, en lui conservant la queue, et en prenant soin de ne pas endommager les lambourdes et les bourses qui les portent, et qui sont l'espoir de l'avenir. Qu'on évite toute pression forte, toute meurtrissure. Les fruits sont d'abord déposés dans un local très-aéré, au moins pendant quinze jours. Durant ce temps là, ils transpirent et perdent l'odeur forte qui se produit alors. Si on enfermait les fruits aussitôt après la cueillette, l'eau qu'ils rendent produirait des tâches noires sur la peau, nuirait autant à leur bonté qu'à leur beauté, et répandrait une humidité fâcheuse dans tout le fruitier.

Le meilleur fruitier sera celui où l'on aura une température constamment basse, variant peu et sans humidité. Le fruitier doit préserver les fruits de la chaleur, de la lumière et des variations brusques de l'air, trois agents qui hâtent la décomposition et nuisent à la conservation des fruits. Je n'ai pas besoin de dire qu'il doit aussi les mettre à l'abri de la gelée. Un rez-de-chaussée, un cuvage bien sec, fourniront donc le local le plus propre à conserver les fruits.

Peu de personnes ont un local convenable dont elles puissent disposer uniquement pour la conservation des fruits. Je m'empresse donc de leur faire connaître une sorte de fruitier portatif et économique, que l'on vante beaucoup et qui est réellement très-commode. Il occupe peu de place, se met où l'on veut, conserve parfaitement les fruits, tout en les préservant de la dent des animaux rongeurs. — Le fruitier, dont le célèbre Matthieu de Dombasle est l'inventeur, se compose d'un nombre de caisses en bois blanc, proportionné à la quantité de fruits que l'on veut conserver. — Le bois de peuplier, que les rats n'attaquent pas, paraît très-propre à cet usage. — D'après l'inventeur, chaque caisse a 75 centim.

de long, 35 de large et 8 de haut. Elle pourra contenir 100 fruits de moyenne grosseur. Il sera bon de placer une lisière de drap sur le rebord et de coller du papier sur le joint des planches, pour empêcher toute communication avec l'air extérieur. Chaque caisse sera munie d'un liteau par derrière, et de deux petites poignées, une de chaque côté, pour pouvoir l'enlever facilement. Ce liteau et ces poignées devront déborder d'un centimètre dans la partie supérieure, afin de bien assujettir les autres caisses, qui seront exactement de la même dimension, et elles seront empilées les unes sur les autres, de manière à se servir réciproquement de couvercle. Quinze caisses, ainsi empilées, ne donnent qu'une hauteur de 1 mètre 20 centimètres, et peuvent contenir plus de 1,500 fruits de moyenne grosseur.

On ne met dans chaque caisse que les mêmes espèces, ce qui contribue à la conservation. On les visite une fois tous les quinze jours. Pour cela on place à terre la première caisse d'en haut et on empile les autres sur celle-là ; on visite ainsi tous les fruits en fort peu de temps.

Il est bon de connaître le nom et l'époque de la maturité de ses fruits, afin de les surveiller, quand le temps de les servir sera venu. Plusieurs poires perdent beaucoup de leurs qualités, si on les sert quinze jours trop tôt ou trop tard. En général on connaît qu'elles sont à point quand elles fléchissent, autour de la queue, sous une légère pression du pouce.

Les poires d'hiver, c'est-à-dire celles qu'on ne mange qu'après le mois d'octobre, sont les seules qui soient destinées à être conservées longtemps. Voici, parmi les 500 variétés découvertes aujourd'hui, quelques-unes des plus connues, avec indication de l'époque où elles sont ordinairement prêtes à être mangées.

Juillet.

1° Beurré Giffard (très-bon fruit, plus beau sur franc — espalier ou en plein vent); 2° Madeleine; 3° Epargne ou Beau-Présent; — 4° Doyenné de juillet.

Août et septembre.

1° Bon-Chrétien Williams (excellent — très-fertile — sur cognassier ou sur franc); 2° Beurré Goubault (très fertile, sur franc); 3° Jalousie de Fontenay (sur franc); 4° Louise-Bonne d'Avranches (sur cognassier ou sur franc); 5° Beurré d'Amanlis (vigoureux — espalier ou en plein vent); 6° Duchesse de Berry d'été; 7° Bonne d'Ezée (fertile sur franc); 8° Bon-Chrétien d'été, (sur franc — non en pyramide).

Octobre et novembre.

1° Duchesse d'Angoulême (sur cognassier ou franc, prend toutes les formes — fertile — beau fruit); 2° Beurré Diel ou Magnifique (beau fruit — bois divergent — non en pyramide); 3" Beurré superfin (espalier seulement — en octobre); 4° Seigneur Espéren (sur franc — en octobre); 5° Fondante du Comice d'Anger; 6° Délices d'Hardempont (fertile — pyramide); 7° Bon-Chrétien Napoléon (sur franc); 8° Beurré Hardy (vigoureux — pyramide).

Novembre et décembre.

1° Triomphe de Jodoigne (gros — fertile, sur cognassier); 2° Beurré d'Hardempont (gros, belles pyramides); 3° Beurré

Clairgeau (sur franc, fertile, pyramide); 4° Soldat-Laboureur (bon fruit); 5° Passe-Colmar (excellent, sur franc, belles pyramides); 6° Bergamotte Crassane (sur franc).

Décembre et janvier.

1° Doyenné d'hiver (gros — très-fertile, sur cognassier ou sur franc); 2° Beurré gris d'hiver (sur franc et en espalier seulement); 3° Beurré de Rans (sur franc).

Janvier, février et mars.

1° Saint Germain (sur franc et en espalier seulement); 2° Joséphine de Malines (sur cognassier ou franc); 3° Bon-Chrétien d'hiver (belle forme, fruit croquant); 4° Royale d'hiver; 5° Duchesse d'hiver; 6° Echassery; 7° (Beurré Millet).

Avril et mai.

1° Bergamotte Espéren (sur franc ou sur cognassier, belles pyramides); 2° Bergamotte Fortunée.

Parmi les poires à cuire on peut citer : La Belle-Angevine; le Catillac; la Poire Curé; Martin-Sec; Bon-Chrétien d'hiver.

COLLECTION SPÉCIALE DE 23 POIRES.

Les personnes qui ne voudront planter que de 10 à 20 arbres, choisis parmi les meilleures espèces, feront bien de s'en tenir à la collection suivante, qui est empruntée à celle de M. P. de Mortillet (1).

---

(1) 40 *Poires pour les dix mois de juillet à mai.* — Un vol. in-8°. Grenoble, Prudhomme, imprimeur-éditeur, rue Lafayette, 14. Prix : 3 fr. 50.

Juillet : Beurré Giffard ; Epargne ; Doyenné de juillet. —
Fin août : Bon - Chrétien Williams ; Beurré Goubault,
Duchesse de Berry d'été. — Septembre : Louise - Bonne
d'Avranches; Bonne d'Ezée; Beurré d'Amanlis. — Octobre
et novembre : Duchesse d'Angoulême ; Colmar d'Aremberg ;
Beurré d'Apremont. — Décembre : Beurré Clairgeau ;
Triomphe de Jodoigne ; Beurré Diel. — Décembre, janvier :
Beurré d'Hardempont ; Bonne de Malines ; Joséphine de
Malines. — Janvier, février : Passe-Colmar ; Doyenné d'hiver ;
Duchesse d'hiver (poire nouvelle). — Jusqu'en mai : Berga-
motte d'Espéren ; Bergamotte fortunée.

DESTRUCTION DES ANIMAUX NUISIBLES.

Souvent, les arbres à fruit sont envahis par les pucerons.
Les feuilles se crispent et deviennent jaunâtres; l'arbre tombe
dans un état de souffrance qui arrête la végétation. Les
fourmis, attirées par les déjections sucrées de ces vilains
insectes, se répandent partout et achèvent d'aggraver la
maladie de l'arbre. Aussitôt qu'on s'aperçoit de l'apparition
des pucerons sur quelques rameaux, il faut les détruire pour
empêcher leur propagation sur l'arbre tout entier. Pour cela,
on asperge les rameaux atteints avec une forte infusion de
tabac, 20 à 25 centimes de tabac *en carotte* dans 2 ou 3 litres
d'eau, infusé pendant 24 heures.

RECETTES

Le *Sud-Est* indique la térébenthine comme le moyen le
plus efficace pour détruire les pucerons. On met un tiers

d'essence de térébenthine avec deux tiers d'eau et on enduit avec ce mélange les branches qui sont attaquées.

Il est une autre espèce de puceron qu'on appelle le puceron lanigère, à cause d'un léger duvet qui le couvre. Il attaque principalement les pommiers. On peut les détruire en les aspergeant avec de l'eau dans laquelle on a mêlé une huile essentielle; par exemple : 2 grammes d'essence de lavande par litre d'eau.

On peut aussi les flamber avec une poignée de paille allumée. Pour ne pas endommager l'arbre, on promène rapidement la flamme, qui s'attache vite au duvet des pucerons.

Outre ces ennemis extérieurs, les jeunes arbres sont encore souvent attaqués dans leurs racines par les *vers blancs*. Tout le monde sait que ce ver est la larve du hanneton commun. C'est un des fléaux de l'agriculture et du jardin potager; mais là ne se bornent pas ses ravages. Il attaque les racines des jeunes arbres, les ronge et les coupe. Aussitôt on voit se dessécher les branches correspondantes à ces racines, sans pouvoir se rendre raison de ce fait. Mais si l'on fouille dans les racines, on découvre quelquefois une grande quantité de ces larves voraces, et leurs dégâts sont faciles à constater.

Le *Sud-Est* indique le chlorure de chaux comme très-efficace par son odeur pour mettre en fuite les puces de terre, les chenilles, les papillons, les fourmis et même les rats. On fait un lait de ce chlorure et on en asperge les plantes et les arbres que l'on veut préserver. Lorsqu'on veut s'en servir pour éloigner les chenilles des arbres, on en prend 1 partie que l'on mêle avec 1/2 partie de saindoux, et l'on forme du tout une pâte que l'on enveloppe dans de l'étoupe et que l'on suspend autour du tronc de l'arbre. Toutes les chenilles se laissent tomber des branches et ne tentent pas de remonter.

Un de nos amateurs les plus distingués pour la taille du pêcher, M. Chevant, de Flageac, emploie avec succès contre les pucerons, un lait de chaux très-clair, avec lequel il arrose les arbres atteints.

Ce moyen est le plus expéditif.

MOYENS POUR DONNER DE LA VIGUEUR AUX VIEUX ARBRES ET A CEUX QUI SONT LANGUISSANTS.

1° Le premier moyen consiste à racler la vieille écorce des arbres et à les enduir d'un lait de chaux, ou à les couvrir d'une bonne couche de terre grasse, mélangée avec un quart de bouse de vache, comme il a été dit pour les arbres que l'on plante. Cette couche empêche l'évaporation de la sève et en facilite la circulation.

2° Un autre moyen, c'est d'arroser les branches et les feuilles, et même le sol, avec une dissolution de sulfate de fer, autrement dit couperose verte (ce sel se vend à bas prix) (*Sud-Est*). Ce dernier procédé sert aussi à faire grossir les fruits et les légumes : 10 grammes de sulfate de fer par litre d'eau.

3° Le moyen le plus ordinaire et qui remplace le plus souvent tous les autres, c'est de travailler et de fumer la terre autour des arbres, en ayant soin de ne pas endommager les racines. Dans les terrains secs, il est presque indispensable d'entretenir un paillis au pied de chaque arbre.

CIRE A GREFFER A FROID

Faites fondre sur le feu et mélangez pendant la fusion :

500 grammes de cire jaune,
500 — de térébenthine grasse,

250 — de poix blanche de Bourgogne,
100 — de suif.

On en fait des bâtons en coulant ce mélange dans des tuyaux de papier.

MASTIC POUR GREFFER A FROID.

Pour 100 parties en poids, il se compose de :

Cire jaune.	28
Résine des ferblantiers.	26
Poix noire	16
Cendres tamisées.	14
Huile de lin.	10
Essence de térébenthine. . . .	6
	100

On fait fondre sur un feu doux et on remue avec une spatule, pour mélanger les cendres. Pour s'en servir, même en hiver, il suffit de le ramollir un peu, en laissant quelque temps dans la poche du pantalon la boîte de fer-blanc qui le renferme. On l'applique avec une spatule et on l'arrange avec le doigt mouillé.   (*Sud-Est.*)

CONCLUSION

Le mot de progrès est aujourd'hui dans la bouche de tout le monde ; mais, hélas ! trop souvent, il ne signifie que déception et mensonge. L'arboriculture, comme science, n'est encore chez nous qu'à l'état d'enfance : mais j'espère que parmi une population aussi intelligente que la nôtre, elle fera de rapides progrès, et j'ose prédire qu'elle ne sera une déception pour personne. Elle sera pour vous une occupation, si vous le voulez, ou bien elle ne sera qu'un amusement aussi agréable qu'innocent, se variant à l'infini, et produisant toujours quelque incident nouveau.

Etes-vous artiste ? Sentez-vous votre âme exaltée à la vue d'un chef-d'œuvre, d'un monument ou des produits de l'industrie ? Vous trouverez dans l'arboriculture ce plaisir esthétique et indéfinissable qu'on éprouve à dompter la nature, à la plier à son gré, et à lui faire produire des fruits qui sont de véritables phénomènes. Etes-vous moraliste ? et qui n'a pas besoin de l'être en ce monde ? quelle source de profondes réflexions ! La nature, de son fonds, est riche et féconde ; cependant, si on l'abandonne à elle-même, elle ne donnera que des fruits sans valeur et des arbres sans beauté. Il faut lui greffer des fruits étrangers et régler les écarts de sa végétation. N'en est-il pas de même de l'homme ? Qu'une âme ardente et passionnée soit livrée à la fougue brutale de ses passions, et vous aurez peut-être un bandit capable d'avoir des grades parmi les habitants des bagnes ; mais si vous greffez sur cette nature vivace la religion, et par elle la vertu, au lieu d'un scélérat vous aurez un saint Vincent de Paul ou un saint François-

Xavier. Etes-vous simplement spéculateur ? vous désirez tirer de vos arbres le plus grand profit possible? Avec la science de l'arboriculture, vous aurez des fruits plus tôt, vous en aurez dix fois plus et ils seront beaucoup plus beaux et plus succulents. Terminons par une réflexion morale : Le sentiment religieux a une tendance semblable à celle de la sève : il va toujours droit au ciel ; ne le laissons pas courber par les passions. Disons encore avec saint Paul : c'est l'homme qui plante et qui arrose, mais Dieu seul donne l'accroissement.

TABLE DES MATIÈRES

Quelques observations pratiques très importantes

Mise à fruit du Poirier et du Pommier.

Mise à fruit par le pincement court.

De la forme des Arbres de Jardin.

— 119 —

Brioude, Imprimerie L. GALLIGE.

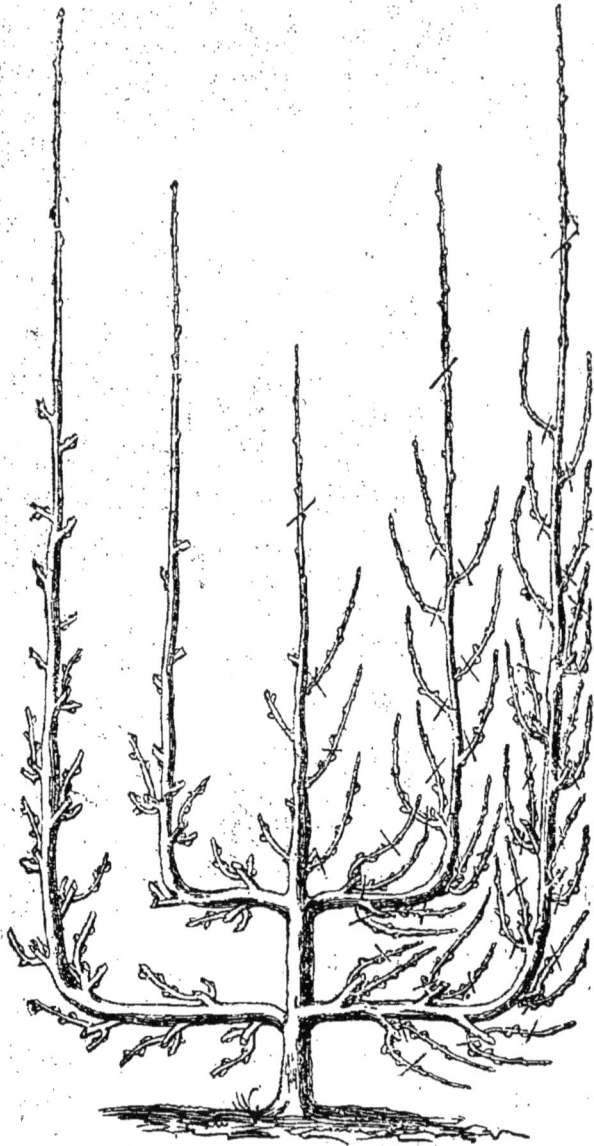

www.ingramcontent.com/pod-product-compliance
Lightning Source LLC
Chambersburg PA
CBHW062027200326
41519CB00017B/4958